장성 축령산

둘레둘레

"이 숲에 든다면, 가끔씩 고개를 들어 나무들을 올려다보라."

Contents

울울창창 초록숲

숲 1

나뭇잎 사이로 빛나는 햇빛

이 숲에 든다면, 가끔씩 고개를 들어 나무들을 올려다보라. 나뭇잎 사이로 햇빛이 빛난다.
태양으로부터 1억5000만㎞를 여행해 지금 막 지구의 당신에게 다가온 빛이다. 매일, 나뭇잎
사이로 빛나는 햇빛을 찍는 사람이 있었다. 영화 〈퍼펙트 데이즈(Perfect Days)〉의 주인공
이다. 성공했으나 행복하지 않았던 그를 구원해 준 것은 어느 날 만난 '코모레비(木漏れ日)',

나뭇잎 사이로 빛나는 햇빛이었다. 지금 이 순간에만 반짝이는 찬란을 알아볼 수 있다면 어제와 다를 바 없는 일상을 어제와 다르게 여행할 수 있는 것. "다음은 다음, 지금은 지금"이라는 영화 속 대사처럼 지금 주어진 소소한 행복의 조각들이 평범한 하루를 완벽한 날로 만든다. 여기, 축령산 치유의 숲. 햇빛과 나무는 준비되었다. 당신이 준비할 것은 감탄과 감동과 감사하는 마음이다.

#숲 2
포기하지 않고 이룬 희망

사막에서도 저를 버리지 않는 풀들이 있고

모든 것이 불타버린 숲에서도

아직 끝나지 않았다고 믿는 나무가 있다.

화산재에 덮이고 용암에 녹은 산기슭에도

살아서 재를 털며 돌아오는 벌레와 짐승이 있다.

내가 나를 버리면 거기 아무도 없지만

내가 나를 먼저 포기하지 않으면

어느 곳에서나 함께 하는 것들이 있다.

돌무더기에 덮여 메말라버린 골짜기에

다시 물이 고이고 물줄기를 만들어 흘러간다.

내가 나를 먼저 포기하지 않는다면

(도종환, '폐허 이후')

'내가 나를 먼저 포기하지 않았던 사람'이 이 숲을 일구었다. 일제강점기를 지나 한국전쟁이 끝나고 우리나라 산은 나무 한 그루 찾아보기 힘들 정도로 황무지였다.
"쌀농사는 한 해 농사요, 나무 농사는 백년 농사"라고 생각한 임종국 선생은 먹을 것조차 구하기 어렵던 지난한 시절에 민둥산에 나무를 심기 시작했고 평생 나무 심기를 그치지 않았다.
"나무를 더 심어야 한다." 이 숲을 일군 선생의 유언이다. 그이가 심은 어린 나무들이 자라서 거대한 숲을 이루었다. 축령산 일대는 지금 키 20~30m의 편백나무로 가득하다.

#숲3

울울창창, 숲은 지구의 초록덮개

나무는 나이를 내색하지 않고도 어른이며
아직 어려도 그대로 푸르른 희망
나이에 관한 한 나무에게 배우기로 했다
그냥 속에다 새기기로 했다
무엇보다 내년에 더욱 울창해지기로 했다
(문정희 '나무학교' 중)

'울울창창(鬱鬱蒼蒼)'.
나무가 빼곡히 들어선 것 같은 글자들.
'울창(鬱蒼)'은 큰 나무들이 빽빽이 들어서 우거진 모습을 이르는 말이다.
숲이 울창해진다는 것은,
외투처럼 지구를 감싸고 있는 식물들의 '초록 덮개'의 면적이 커져가는 것.
숲은 온난화와 기후위기로부터 지구를 지키는 푸른 성벽이니.
이 숲에 나무를 심은 사람은 나무만 심은 게 아니었다.
꿈과 희망을 심었으며, 인류의 미래를 심은 것이다.

#숲 4
사람 인(人) 옆에 나무 목(木)

사람 인(人) 옆에 나무 목(木)자가 붙어서 '休(쉴 휴)'자가 만들어
졌다. 오늘 우리도 숲에서, 나무 한 그루 옆에서 마음을 쉬어간다
우주라는 그물 속의 한 그물코로 살아가는 우리의 삶. '아무 짓도
하지 않은 것 같지만' 날마다 나의 일상은 지구의 다른 생명에게 영
향을 미치고 있다. 우리나라 사람들이 1년 동안 사용하는 나무젓가
락은 약 25억 개라고 한다. 이것을 나무로 세우면 남산을 26개나
만들 수 있는 양, 15만 그루의 나무를 베어내지 않아도 되며 225톤
의 탄소 저장고를 지킬 수 있는 것. 우리나라에서 사용되는 나무젓
가락은 대부분 중국에서 수입한다. 중국에서만도 한 해에 버려지
는 나무젓가락은 450억 쌍. 1년에 2500만 그루의 나무를 베고 있
다고 한다. 날마다 무심히 쓰고 버리는 나무젓가락이나 종이컵 한
개가 탄소저장고 숲을 위협하고 기후 위기를 부르고 있다.
"나무가 없다면 세상은 종말이다"고 한 남미 원주민 라칸돈 인디언
의 말은 옳다. 이 지구 위에서 푸른 하늘 초록 숲 청량한 공기를 누
리고 싶다면, 당신도 나도 '탄소 발자국'을 줄여야만 한다.

숲 5
소유하기보다 향유하는 삶

"내가 가진 재산은 무한하다. 내 은행 잔고는 아무리 꺼내 써도 다 쓸 수가 없다." 이런 말을 한 헨리 데이빗 소로는 대관절 얼마나 부자였을까. 세속의 잣대로 보자면 그는 오히려 가난뱅이였다. 하버드 대를 졸업했지만 부와 명성을 구하는 대신 월든 호숫가에 외딴집을 짓고 살았던 그에게 '재산이란, 소유하는 것이 아니라 향유하는 것'이었다. 월든 숲에서 무한한 평화를 누리고 살았던 자연주의자 소로는 어느 날 홀연 숲을 떠난다.

〈자신도 느끼지 못하는 사이에 얼마나 쉽게 어떤 정해진 길을 밟게 되고 스스로를 위해 다져진 길을 만들게 되는지 그저 놀라울 따름이다. 내가 숲속에서 살기 시작한 지 일주일이 채 안 돼 내 오두막 문간에서 호수까지 내 발자국으로 인해 길이 났다.〉

남의 발자국으로 다져진 길을 거부한 그는 자신의 발자국이 만들어낸 익숙한 길마저도 거부했다.

〈이 세상의 큰길은 얼마나 닳고 먼지투성이며, 전통과 타협의 바퀴 자국은 또 얼마나 깊이 파였겠는가! 나는 선실에 묵으면서 손님으로 항해하는 것보다는 차라리 인생의 돛대 앞에서, 갑판 위에 있기를 원했다.〉 익숙한 것들로부터 낯선 것들 속으로 떠나보는 발걸음이 새로운 길을 연다.

사람은 숲과 나무에 기대어 산다.
숲과 나무는 사람에게 기대지 않는다.

둘레둘레 축령산

축령산

사람과 자연이 공존하는 초록숲

하늘을 향해 쭉쭉 솟구치는 나무들의 푸르른 함성이 울울창창하다.

사시사철 맑은 공기와 나무들의 청량한 내음이 허공을 가득 채우고 골짜기마다 풍성하게 흘러내린다. 백 년 천 년을 바라보며 희망의 묘목을 심었던 위대한 조림가의 숨결이 스며 있다. 천지사방에서 사람들이 찾아와 그 너른 품속을 파고든다.

장성군 축령산이다. 서삼면 모암리·추암리·대덕리와 북일면 문암리 일대에 걸쳐 있는 이 산의 해발고도는 621m. 노령산맥의 지맥에 아주 높지도 너무 낮지도 않게 솟았다. 남도의 여느 산처럼 그 자락에 깃든 자연마을들의 애틋한 삶터요 다정한 뒷동산이다.

축령산은 온 산 한가득 빼어난 나무들을 끌어안고 있다. 자연을 되살리려는 인간의 땀과 눈물이 만들어 낸 편백숲은 최고의 명물이다.

축령산은 편백과 삼나무가 하늘을 향해 제 키를 키운 수직의 경연장이다.

땅에서 보면 상록수가 군락을 이룬 수직의 숲이지만 하늘에서 내려다보면 한없이 일렁이는 광활한 초록의 바다이기도 하다.

한국의 조림왕으로 불리는 춘원 임종국 선생이 사재를 털어 20여 년 동안 숲을 가꾸었다. 남서쪽 산록, 자그마치 569㏊ 면적에 250만 그루다. 축령산 편백숲은 2000년 '제1회 아름다운 숲 전국대회'에서 '아름다운 천년의 숲'으로 선정돼 우수상을 받았다.

전쟁의 폐허를 딛고 숲을 살려낸 인간에게 베푸는 자연의 보상은 한량없다. 각박한 세상살이에 치여 몸과 마음이 지치고 아픈 사람들이 축령산으로 자꾸자꾸 스며들고 있다. 축령산은 놀라운 치유와 휴식 공간이 되었고, 사람들은 숲속에서 새로운 삶의 활기를 되찾았다. 축령산은 인간과 자연의 회생과 공존을 보여주는 산이다.

축령산 숲길은 되도록 천천히 걷자. '한국의 아름다운 길 100선'에 선정된 아름다운 산길이다. 풀꽃나무들의 이야기에 귀를 기울여 보자. 물지게를 지고 비탈을 오르던 사람, 고난과 시련을 꿋꿋하게 이겨낸 장엄한 역사가 들려온다.

축령산은 오롯하게 대물림해야 할 빛나는 자산이다.

축령산 편백숲 6가지 숲길

● 건강숲길 :
축령산 주능선을 이어주는 숲길(거리 2.9km)

문수산(축령산) 정상

고창 문수사

무래봉

산림치유센터

수목장 및
공적비

모

우물터

추암(괴정)
방향

대덕
화장실

깔딱고개

추암(동녘골)
방향

만남의광장

향로봉 방향

대덕 방향

모암(금빛휴양타운) 방향

● 맨발숲길 :
맨발로 편하게 거닐 수 있는 숲길(거리 0.5km)

산림청
제공

26

● 산소숲길 :
치유 필드의 약용식물 등 다양한 수목과 장
성 편백숲을 조림한 고(故) 임종국 선생이
안장된 나무를 지나는 숲길(거리 1.9km)

● 숲내음숲길 :
편백칩 산책로와 함께 피톤치드가 가득한 숲 내
음이 솔솔 풍기는 숲길(거리 2.2km)

● 하늘숲길 :
편백나무 사이로 하늘을 바라보며 삼림욕을
즐길 수 있는 쉼터가 있는 숲길(거리 2.9km)

문암(고창군) 방향

고창군 방향

문암(금곡) 방향

서
남 → 북
동

모암(도농교류센터) 방향

치유숲길 안내

━━	중앙임도숲길	3.4km
━━	맨 발 숲 길	0.5km
━━	숲 내 음 숲 길	2.2km
━━	물 소 리 숲 길	0.6km
━━	산 소 숲 길	1.9km
━━	건 강 숲 길	2.9km
━━	하 늘 숲 길	2.9km
━━	테 마 숲 길	1.0km
━━	걷 기 쉬 운 길	2.4km

● 물소리숲길 :
계곡 주변으로 물소리를 들으면서 거닐 수 있는 숲길(거리 0.6km)

◇ 축령산 가는 길 4방향
1. 금곡 방면: 임권택 감독의 〈태백산맥〉 등 여러 영화 촬영이 이루어졌던 금곡마을 탐방 후 트래킹을 할
   수 있는 길(금곡 주차장_ 장성군 북일면 문암리 500)
2. 모암 방면: 트래킹이 힘든 사람도 걷기 좋은 데크길이 있고, 누구에게나 열려 있는 숲속 피아노가 있는
   길(모암 주차장_ 장성군 서삼면 모암리 569-5)
3. 대덕 방면: 피톤치드가 풍부한 숲속에서 숙박을 즐길 수 있는 휴양관으로 가는 길
   (대덕 주차장_ 장성군 서삼면 대덕리 418)
4. 추암 방면: 임종국 선생 조림비와 산림치유센터에 가장 빠르게 도착할 수 있는 길
   (추암 주차장_ 장성군 서삼면 추암리 669)

◇ 발밑에 펼쳐지는 압도적인 풍광 – 축령산 정상

축령산 정상에 오르는 길은 여러 갈래다. 많은 등산객들이 산림치유센터에서 잠깐 다리쉼을 하거나 '임종국선생 조림공적비'에 눈을 맞추고 정상으로 방향을 잡는다. 치유센터까지 오르는 길은 널찍한 산림도로다. 여럿이 무리를 지어서 걸어도 불편하지 않을 만큼 길폭이 넓은데, 양쪽으로 우거진 나무들이 햇빛을 가려준다.

축령산 인공조림의 역사를 새긴 공적비에서 정상까지의 거리는 600m이다. 정상 쪽으로 접어드는 입구부터 데크길을 걷다 보면 이내 가파른 경사로에 다다른다. 보통 걸음으로 30분이면 정상에 오를 수 있지만 비탈에 놓인 밧줄을 잡아당기거나 계단을 밟고 올라서야 하는 제법 힘겨운 산길이다. 좌우 경사면을 따라 촘촘한 편백나무숲이 군락을 이룬다. 햇빛이 나무 사이사이를 비집고 숲으로 들어와 눈부신 빛줄기를 긋는 모양을 보여준다.

비탈길을 올라 마지막 한 걸음을 내디딜 땐 이마에서 주루룩 땀이 흘러내린다. 축령산의 가장 높은 자리에 들어섰다는 뿌듯함이 밀려온다. 축령산 정상 부근은 뾰족한 산꼭대기 느낌보다 편편하게 다져진 작은 마당 같다. 안온한 분위기에서 숨을 고를 수 있다.

팔각정 전망대와 정상 표지석이 마당을 사이로 마주보고 있다. 블랙야크가 선정한 한국의 100대 명산으로 꼽히는 산이다. 사방으로 첩첩 산들이다. 맑은 날에는 내장산 입암산 방장산 등 주변의 높은 산들을 훤히 조망할 수 있다.

발밑으로 펼쳐지는 압도적인 숲의 풍광도 정상이 안기는 선물이다. 수없이 물지게를 지고 비탈을 오르내리며 나무를 심고 숲을 가꾼 사람을 다시금 소환한다. 그 위대한 노동의 결과를 무상으로 마음껏 누리는 순간이다.

◇ 여러 사람이 걷고 걸어 길이 된 길 – 축령산 옛길

길 없는 산중을 처음 걸었던 사람이 있었다. 여러 사람이 걷고 걸어 비로소 길이 된 길. 산으로 들어가는 길이며, 산에서 나아가는 길. 깊은 산중에 남은 옛길은 산골오지에도 뿌리를 내리고 살아온 이들의 경건함 삶이 새겨진 길이다.옛사람들의 발자취에 내 발자국을 포개어보는 길. 축령산 등산로에도 옛길이 남아 있다. 우물터에서 삼림욕장까지 이어지는 길이다. 옛길답게 좁은 길, 앞선 사람으로부터 대여섯 발자국은 떨어져서 오롯이 혼자 걸어야 할 것 같은 길, 숲의 소리에 귀기울여 볼 만한 길. 아주 오래전에 생겨나 '22세기 후손에게 물려줄 숲' 속에 남아 있는 옛길의 역사가 장엄하다.

◇ 소쇄한 바람 속에 들숨날숨 − 편백숲 풍욕장

풍욕(風浴)이라니! 듣기만 해도 몸과 마음에 선선한 바람이 일어나고 소쇄해진다. 소쇄(瀟灑)는 기운이 맑고 깨끗한 것을 이르는 말이다. 둘레둘레 초록으로 가득찬 축령산 산소숲길의 편백숲은 명실상부한 풍욕의 처소다. 두 팔 활짝 벌려 몸 구석구석 바람과 기운을 들이며 신선한 공기를 마신다.

그렇게 맨몸이 되는 것이네
칭칭 휘감겨진 시간이며 습속들 내려놓고
혈맥마다 잠복해 있는 눅눅한 호흡도 던져버리고
맨. 몸. 맨. 마음으로 서서
들숨 날숨 새로운 호흡이 세포 깊숙이 관통하면
저 아래 발바닥부터 푸르른 비늘이 돋을 것이네
(김은숙 '마라도 풍욕' 중)

풍욕은 옷을 벗거나 가볍게 입고 바람을 쐬며 피부를 통해 독소를 배출하고 산소를 공급받는 건강법. 면역력 강화, 혈액순환 개선, 스트레스 해소 등에 도움이 된다. 나무들이 활발하게 피톤치드를 내뿜는 5월부터 8월까지가 맞춤한 시기이며, 시간대로는 아침 이른 시간이 좋다. 기온이 낮고 공기가 맑아 더욱 쾌적하게 즐길 수 있길 수 있기 때문.
국립장성숲체원이 알려주는 풍욕 방법은 다음과 같다.
1. 20초간 최대한 피부를 노출한다.
2. 1분간 담요를 덮어 몸을 따뜻하게 한다.
3. 담요를 벗고 30초간 최대한 피부를 노출한다.
4. 1분간 담요를 덮어 몸을 따뜻하게 한다.
5. 피부 노출 시간을 10초씩 늘려가며 10회 반복한다.

편백숲 풍욕장 곳곳에 '치유평상'이라 이름붙인 평상들이 놓여 있다. 고요히 숲을 바라보며 자신을 마주하는 것이야말로 진정한 쉼이자 치유의 첫걸음일 것.

● 편백나무, 삼나무 등 침엽수에서 훨씬 많이 나온다 - 피톤치드(phytoncide)

"보통 산에 가면 땀 냄새 때문에 모기나 날파리 같은 것이 달라붙는다. 심한 데는 수십 마리가 쫓아온다. 그런데 편백나무 숲에는 모기가 확실히 없다."

피톤치드의 살균효과를 강조하는 한 등산객의 말이다.

피톤치드(phytoncide)는 모든 식물이 뿜어낸다. 식물이 해충이나 병균, 곰팡이로부터 스스로를 보호하기 위해 내보내는 천연 살균물질이다.

'식물'을 뜻하는 'phyton'과 '죽이다'라는 뜻의 'cide'가 합쳐진 말인 피톤치드는 외부의 공격에 저항해야 할 필요가 클수록 나무가 많이 방출하는 물질이다.

수종별 피톤치드의 양을 비교해 보면 잡목이나 활엽수보다는 편백나무, 삼나무, 소나무, 잣나무 같은 침엽수에서 훨씬 많이 발생된다. 침엽수는 활엽수에 비해 2배 이상, 침엽수 중에서도 편백나무가 가장 많은 양을 생산한다. 소나무의 4~5배로 측정된다.

편백나무가 유난히 피톤치드를 많이 발산하는 것은 편백나무가 홀로 자라기보다는 숲을 이루며 자라기 때문이다. 여러 종류의 나무가 섞여 자라는 숲보다 병충해 공격에 약할 수밖에 없어서 더 많은 피톤치드로 외부 공격에 대비해야 한다. 편백나무 숲이 치유의 숲으로 각광받은 이유이다.

나무가 왕성하게 자라는 초여름부터 가을까지 많이 발산하며, 시간대로는 오전 10시에서 오후 2시까지 가장 많이 뿜어지는 것으로 알려져 있다.

피톤치드의 주 물질은 '테르펜'으로 항균작용과 면역력 증강, 스트레스 감소, 오염물질 제거 등의 효과가 입증되고 있다

피톤치드의 효능은 먼저 항균 작용과 면역력 강화에 도움이 된다. 폐질환 등 호흡계질환 치료에도 도움이 되는 것으로 알려졌다.

스트레스 완화 효과에 대한 연구결과도 나와 있다. 피톤치드가 나오는 숲 속에 있으면 스트레스 지표를 나타내는 호르몬인 코르티솔의 농도가 급격히 감소한다. 따라서 스트레스나 원인 모를 두통 해소에 효과적이고 불면증, 우울증 개선에 도움을 준다. 자연치유기능(면역기능)을 향상시켜 건강과 활력이 넘치는 생활을 유지할 수 있게 한다.

● 편백나무와 삼나무는 어떻게 다를까

편백나무와 삼나무는 구별하기 어려울 정도로 거의 똑같다. 두 나무 모두 일본이 원산지이며 나무 높이는 30~40m이다. 대나무처럼 곧고 크게 자란다. 나무껍질은 적갈색이다. 바늘 모양의 잎이 여러 겹으로 있다. 꽃은 3~4월에 피며 수꽃은 타원형이고 암꽃은 구형이다. 다른 점은 무엇일까? 열매와 잎의 생김새에서 찾아야 한다. 편백 열매는 배구공처럼 생겼으며 표면이 매끄럽다. 편백의 편은 '납작할 편(扁)'자로 잎이 실제로 납작하게 옆으로 누웠다. 잎 뒷면에는 하얀 색의 Y자 모양 숨구멍 줄이 있다. 삼나무 열매는 끝이 가시처럼 날카롭다. 잎은 바늘처럼 뾰족하고 어긋나면서 돌려난다.

편백나무

삼나무

◇ 나무 심은 공력들이 모인 곳 – 우물터

"축령산 나무들을 우리가 심었제. 먼저 심은 양반도 있지만 나도 각시 때 한 2년쯤 나무 심으러 다녔어."

북일면 금곡마을에 사는 이순애(72)씨는 50년 전 축령산에 나무 심으러 다녔던 기억이 생생하다.

금곡뿐 아니라 모암 대덕 추암 등 축령산 자락 마을 사람들 수십 명이 나무 심으러 모여들었다. 그때 만남의 장소가 우물터.

"지하수가 나왔던 곳이제. 사람들이 밥도 해먹고 씻기도 하는 곳이라 우물터로 모였어." 지금도 당시에 썼던 우물이 남아 있다.

이 우물의 물을 길어 나무를 키웠다. 가뭄 들어 나무가 목이 탈 때 물지게를 지고 산에 오르던 조림가 임종국 선생을 기억하는 마을 사람들이 많다.

우물터 위 평평한 터는 관리사 자리다. 지난 2002년 산림청이 숲을 사들인 이후 관리사는 철거되고, 지금은 텃자리만 남아 있다.

우물터는 축령산에서 가장 피톤치드가 많이 나온다고 하는 산소숲길 코스에 있다.

◇ 편백숲 바다 – 축령산 전망대

하늘길을 걷는다.
발 아래 바다가 펼쳐져 있다.
수해(樹海)다.
청풍백운(淸風白雲).
푸른 바람 흰 구름을 마주하는 '축령산 전망대'에서 내려다보는 초록숲.
참빗처럼 가지런하다.
새의 눈으로 내려다보는 숲이 이러할까.
이 숲을 이룬 임종국 선생과 부인 김영금 여사의 수목장(樹木葬)과 추모목(追慕木)을 지나 닿을 수 있는 곳.
허공으로 길을 낸 스카이워크에 올라서면 발아래로 온통 편백과 삼나무숲의 장관이 펼쳐진다.
편백숲 안에서 보는 풍경이 수직의 세상이라면 편백숲 위에서 내려다보는 숲은 가없는 초록물결이다.
이 물결의 시작에는 민둥산에 나무를 심은 한 사람, 임종국 선생이 있었다.
느티나무 아래 누운 그의 영혼이 이 바다를 산책하며 빙그레 미소짓겠다.

◇ 숲의 어르신 – 가장 큰 삼나무

누구라도 이 나무 앞에선 멈추어 한껏 하늘을 올려다보게 된다. 대관절 이 나무가 얼마만큼 큰지 보려고. 축령산 숲에서 '가장 큰 삼나무'라는 표찰을 앞에 세운 나무. 2013년 세운 표지판 기준 '가슴높이 지름'이 58cm. 10년을 더한 시간 속에서 나무의 가슴도 더 넓어졌을 것이다.

축령산 숲해설가 김상기('미래숲' 대표)씨는 "가변성이 있는 '가장 큰'이라는 말보다 '가장 먼저 심은'이라는 말이 더 적절할 것 같다"고 말한다. '가장 큰 나무'라 하니 큰 나무의 싱그러운 기운을 받고자 안아 보고 가는 사람들이 많다 한다. 뭇 사람들의 손길을 받은 나무는 가슴께가 반질반질하다.

"자연 공간의 치유력을 경험하려면 인간과 자연이 모종의 상호작용을 해야 한다"는 생태학자들의 권유대로 치유의 숲 축령산에 들었으니 '나무 껴안기'는 권장할 만한 일이다. 초보자들을 위해, 나무를 '느끼고 아끼는' 길에 이르는 나무 껴안기 방법을 소개한다.

1. 내 나무 한 그루를 정한다.

2. 나무의 오래된 상처, 새로 뻗은 가지를 본다.

3. 나무에 스치는 바람 소리를 듣는다.

4. 나무에 깃든 작은 생명들을 살핀다.

5. 뜨거운 한낮, 나무 그늘에 앉아 본다.

6. 어린나무 때부터 지금까지 자라온 나무의 시간을 느껴본다.

7. 나무를 안고 상처 입은 나무들과 숲을 생각한다.

8. 기후변화로 사라지고 있는 나무들을 생각한다.

9. 갖은 개발로 위협을 받고 있는 숲을 지키는 일에 함께 한다.

◇ 길이 만나고 사람이 만나는 곳 – 만남의 광장

옛날에는 사람들이 지나다니는 길마다 주막이 있었다. 산간벽촌에도 주막 없는 곳이 없었다. 산의 초입이나 고갯길 근처에 있는 주막들은 밤에 길을 넘어가려는 손님이 혼자이면 호환이 무섭다며 그냥 보내지 않고 날이 밝도록 붙잡았다. 모암마을 금빛휴양촌 주차장에서 숲속쉼터를 지나면 물소리숲길과 산소숲길로 갈라지는 삼거리가 있다. '만남의 광장'이다. 왼쪽은 물소리숲길, 오른쪽은 깔딱고개를 넘어 우물터로 가는 산소숲길이다. 길이 만나고 사람이 만나는 곳이다. '만남의 광장'에서 다들 잠시 쉬어간다. 사람을 만나고 숲을 만난다.

◇ 깐닥깐닥 넘어가보자 - 깔딱고개

대한민국의 수많은 산 어디에나 하나쯤 있는 고개가 있다. '깔딱고개'. 축령산 치유의숲 '만남의 광장' 언저리에도
깔딱고개가 있다. 숨이 깔딱깔딱 넘어갈 만큼 가파르고 힘들다는 의미로 붙여진 이름이다. '깔딱고개'라는 팻말은
이제부터 급경사의 고비를 넘어가야 한다는 예고편이다.
〈올라가네 올라간다 이놈의 깔끄막 올라간다…쇠쟁이 모탱이 돌아가면 쉴 바탕이 돌아오네〉
장성 북하면 월성리에서 불려 온 '나무꾼소리'의 한 대목처럼 어느 산이고 '이 놈의 깔끄막'이 있게 마련이다.
〈발길은 첩첩 맥히여지고 심(힘)은 점점 까라를 지는디(가라앉는데) 언제 걸어서 평지를 갈꺼나〉
어느 산에나 '깔딱고개'라는 고비가 있는 것처럼, 인생을 걸어가는 도정에도 깔딱고개는 있다. 산을 오르듯 힘껏 자신
의 깔딱고개를 넘고 있는 우리. 깔딱고개란, 다른 의미로는 이 고비만 넘으면 평지가 기다린다는 희망의 전언(傳言)
이기도 할 것이다. 모탱이 돌아가면 쉴 바탕이 기다릴 것이니. 깐닥깐닥 싸목싸목 넘어가보자. 이 고개를 오르고 나면
우물터가 있는 평지가 반갑게 기다리고 있다. 스포일러를 드리자면, 사실 축령산 깔딱고개는 이름만큼 힘들지 않다.

◇ 흙길 따라 건강에 닿는 길 – 맨발치유숲길

벗는다. 내려놓는다. 비운다.

신발과 양말을 벗고 맨발이 되어 편백나무와 삼나무숲 사이로 난 흙길을 따라 걷는다. 피톤치드 샤워와 맨발 지압이 더해진 357m의 길, 산림치유센터 인근에 있는 '맨발치유숲길'이다. 어른아이 할 것 없이 편히 걸을 수 있는 '난이도 하(下)'의 길이다. 자연 속에서 발바닥이 흙과 맞닿으면서 전해지는 감촉이나 온도는 몸과 마음을 이완시켜 스트레스와 불안을 씻어 준다.

발은 '제2의 심장'이라 불릴 정도로 몸의 혈액순환에 중요한 역할을 한다. 수많은 말초신경과 부교감 신경이 자리잡고 있어 맨발로 흙을 밟으며 발을 자극하면 혈액순환 개선, 면역기능 강화 효과가 있고 심리적 안정도 얻을 수 있다.

맨발로 걸으면 발이 자연스럽게 땅을 단단히 움켜쥔다. 신발을 신고 걸을 때 많이 자극받지 못했던 발 근육과 신경 감각도 발달된다. 맨발걷기 경험에 관한 한 연구를 보면 맨발걷기의 효용으로 건강뿐 아니라 '대지와의 교감'을 꼽는 이들도 많다. 땅과의 접촉이 자연이나 지구와 접속되는 유대감을 안겨준다는 것.

맨발걷기 열풍이 일며 '어싱'(Earthing)이란 낯선 말도 가까이 다가들었다. '어싱'이란 일종의 접지(接地)로, 맨발로 땅을 밟고 걸으며 지구와 연결되는 행동을 의미한다.

특히 숲속에서 하는 맨발걷기라면 숲이 지닌 다양한 치유 인자를 더불어 누릴 수 있다. 피톤치드, 음이온, 산소 등의 흡입 물질과 풍경, 소리, 햇빛 등 수많은 자연의 요소가 결합돼 몸과 마음을 생기 있게 되살린다.

국립장성숲체원은 축령산의 맨발걷기 길을 "지오스민 성분이 풍부하며 푹신한 흙으로 되어 있어 맨발로 걸으며 숲을 느낄 수 있는 치유숲길"이라고 소개한다.

지오스민(giosmin)은 무엇일까. 땅에는 방선균이라 불리는 박테리아가 있는데 방선균은 죽은 유기체를 분해해 식물의 영양분을 만드는 역할을 하는 대지의 청소부다. 방선균이 유기물을 분해하며 생명의 순환 작업을 하는 과정에서 만들어지는 물질이 지오스민. 비가 오면 땅에 떨어진 물방울이 튀어오르며 땅속의 지오스민을 끌고 떠오른다. 그때 훅 끼치는 것이 우리가 흔히 '비냄새'나 '흙냄새'라 부르는 냄새다. 이 냄새를 맡으면 행복 호르몬인 세로토닌 수치가 증가한다고 한다. 숲길 들목의 안내판에 맨발걷기 할 때의 주의사항이 담겨 있다.

1. 발가락 스트레칭을 합니다.
2. 부드럽고 평탄한 숲길에서 진행합니다.
3. 맨발 걷기는 아침이나 저녁이 좋습니다.
4. 재미있고 흥겹게 걷습니다.
5. 맨발 걷기가 끝난 후에는 자극한 발을 풀며 마무리 운동을 합니다.

'재미있고 흥겹게 걷습니다'란 항목에 이르러 웃음난다. 필요한 것은 '맨발'만이 아닌 재미있고 흥겹게!

◇ 숲속 문화행사가 특별한 이유 – 숲속쉼터 산소축제장

호젓한 숲속에 피아노가 있다. 마음속에 느낌표가 찍힌다. 그 숲에 드는 누구라도 연주자가 될 수 있다. 녹음 짙은 편백숲속 무대다. 축령산 모암지구 금빛휴양타운 주차장에서 산소숲길로 올라가는 등산로에는 흙길과 데크길이 나란히 있다. 물봉선화가 무리지어 피어난 계곡 따라 물소리 들으며 올라가는 길, 피톤치드 향이 물씬하다. 그 길 맨 처음 만나는 숲속쉼터 데크에 피아노가 놓여 있다. 숲속쉼터는 공연과 북토크, 그림 그리기, 요가체험 등 다양한 문화행사가 열리는 공간이다.

2008년부터 산소축제가 열렸고, 2024년 9월에는 숲속음악회, 숲속 버스킹, 주민참여 공연, 친환경 비누만들기 체험마당 등 편백숲자락축제가 펼쳐졌다. 지난 6월부터 매달 장성 지역 청년단체 '청춘그루터기'가 '숲속여가' 문화행사를 이곳에서 꾸리고 있다. 요가 체험하기, 클래식 연주 듣기, 시낭송회, 재즈페스티벌, 축령산 풍경화 그리기 등이 진행됐다. 숲속무대가 특별한 이유는 피톤치드 외에 햇빛, 녹색 경관, 소리, 음이온 등 치유의 많은 요소들이 있기 때문이다.

산림의 녹색은 눈의 피로를 풀어주고 마음의 안정을 가져온다. 음이온은 계곡이나 폭포 주변에 많다. 숲속의 소리는 집중력을 향상시키는 백색음(white sound)의 특성을 갖는다. 자외선 차단 효과가 뛰어난 산림에서의 햇빛 야외활동은 우울증 예방과 치료에 이롭다. 또 숲은 도시보다 1~2% 더 많은 산소를 품고 있어서 우리 몸의 신진대사와 뇌의 활성화에 도움이 된다. 숲속쉼터에서의 명상은 최고의 쉼이다.

◇ 상처를 이겨내며 만들어낸 경이로움 – 엉덩이나무

실물을 마주하면 그 이름에 절로 고개를 끄덕이게 된다.
"나무에 난 상처가 아물면서 상처의 반대 방향이 부풀어 사람의 엉덩이와 같은 모습으로 변형됐다."
모암주차장에서 숲속쉼터 산소축제장–만남의 광장–깔딱고개로 가는 길에서 만나는 나무. '엉덩이나무'란 이름으로 불린다. 일자로 쭉쭉 뻗은 편백나무숲에서 사람손이 닿을 정도의 높이에 둥그렇게 엉덩이 모양을 하고 선 나무는 쉽게 눈에 띈다. 나무는 살아있는 생명체다. 상처를 입었을 때 스스로 상처를 복구하려는 시도를 한다. 일명 '상처 닫기'다. '엉덩이나무'는 오랜 시간에 걸쳐 스스로 상처 닫기를 한 결과다. 상처를 이겨내느라 애쓴 나무의 시간이 만들어낸 경이로운 형상에 경의를 표한다.

◇ 밭농사 지으며 몸도 마음도 건강해지고 – 채락원

'대나무' '소망' '나눔' '쭌이네' '쑥대밭' '향원'….
밭고랑마다 저마다의 이름을 내건 노란 팻말들이 조르라니 늘어서 있다.
추암마을에서 축령산길을 오르다보면 만나는 산속 밭, '채락원(菜樂園)'. 채소밭 일구며 누리는 보람과 즐거움이 거기 있다.
백련동편백농원에서 암환우들에게 무공해 채소를 지어 먹으라고 내어준 밭이다. 봄에 밭을 갈고 이랑을 만들어서 무료로 분양해 준다. 일명 '치유농장'인 이 밭에서 농사 짓는 이들이 지켜야 할 원칙이 하나 있다면 '농약과 화학비료를 쓰지 않는 것'이다.
"우리 밭 이름은 '편백'"이라고 말하는 이난희(49)씨는 지난 3월 세 고랑을 분양 받았다. "세 고랑이면 충분하죠."

장성에서 살다가 지금 고창에 사는 그는 일주일에 네다섯 번 축령산을 찾는다.

"예전부터 축령산을 자주 다녔는데 이제 채락원이 있어서도 더 자주 걸음해요. 다른 산들도 많지만 축령산엔 편백나무숲이 있어 각별히 더 좋아했어요. 산의 부름을 받아 오가다 보니 이런 좋은 일도 생겼네요. 정말 감사한 마음으로 농사 짓고 있어요."

농사 경험은 처음이다. "모종을 갖다 심었어요. 땅이 워낙 좋아서 그런지 물만 열심히 줬을 뿐인데도 신기하게 잘 자라더라고요. 양배추, 브로콜리, 비트, 깻잎, 열무 등을 심고 키워서 잘 먹고 있습니다. 올 여름 날씨가 너무 뜨거워서 당근 농사는 망쳤는데, 다시 또 심어보려고요."

농가월령가 읊듯 "이제 배추랑 무 농사가 남았네요"라고 말하는 그. 채락원에서 농사를 지으면서 얻은 새로운 기쁨들이 많다.

"올 때마다 밭엣것들이 초록초록 자라 있는 걸 보면 마음이 절로 환해져요. 갈 때마다 한 보따리씩 싸가는 풍족함도 있고요."

밥상에도 즐거운 변화가 생겼다.

"예전에는 사먹던 채소였는데 산속에서 좋은 공기 마시며 내 손으로 지어 먹는다는 게 몸과 마음이 함께 건강해지는 일이더라고요."

처음엔 '이름이 왜 채락원이지?' 했단다. "이제 알겠어요. 이름 그대로 진짜 낙을 보고 있어요."

밭에 '나비'라는 이름을 붙여준 옥영란(68·광주시 북구 양산동)씨는 채락원에서 농사를 지은 지 4년 됐다. 채락원에 오는 길에 늘 동행하는 남편은 '농사 심부름꾼'을 자처한다.

"고구마, 당근, 비트, 고추 등을 키워서 잘 먹었고, 오늘은 파를 심었어요."

땅에 엎드려 한바탕 땀 흘리고, 채락원 옆에 자리한 정자 쉼터에서 도시락을 먹는다.

"소풍 오는 것 같은 즐거움이 있죠. 짓는 동안은 내 땅이라는 마음으로, 열심히 재미지게 일하고 있어요. 그래서 가는 길엔 몸도 마음도 개뿟해져서 갑니다."

축령산의 여름-가을꽃

이름을 알고 나면 이웃이 되고

'이름 모를 꽃'으로 남겨두지 않고 이름을 불러주고 싶은 꽃들이 산길 여기저기서 얼굴을 내민다.
〈자세히 보아야/ 예쁘다/ 오래 보아야/ 사랑스럽다// 너도 그렇다〉라는 그 유명한 시 '풀꽃'을 쓴 나태주
시인은 〈이름을 알고 나면 이웃이 되고…〉로 시작되는 '풀꽃 2'도 썼다.

● 물봉선화

여름부터 가을까지 축령산 곳곳에서 자주 마주치는 홍자색의 꽃
은 물봉선화다. 이름 앞에 '물'이 붙었듯, 물가나 계곡 주변의 습
기 많은 자리를 좋아하는 꽃. 물봉선·물봉숭·물봉숭아라고도 하
며 무리지어 피어난다. 나팔 모양의 통꽃이다. 우리 자생식물이
며 꽃말은 '나를 건드리지 마세요'. 여문 꼬투리를 건드리면 '딱!'
소리와 함께 씨앗이 터져 튀어나온다. 잘 여물면 저절로 터지니
미리 건들지 말라는 간곡한 당부가 꽃말에 담겨 있다.

● 파리풀

'파리풀'이란 이름의 꽃도 산길에서 만난다. 꽃이 워낙 작
아서 '자세히' 보지 않으면 그 예쁨을 모르고 지나칠 듯
싶다. 7~9월에 줄기 끝과 가지 끝에 아주 작으면서 무늬
가 있는 연한 자주색 꽃이 핀다. 다른 이름으로는 꼬리창
풀도 있다. 꽃말은 '친절'. 파리풀이란 독특한 이름은 파
리를 잡는 데 쓰임새가 있어 붙여진 이름이다. 뿌리나 잎
을 찧어 그 즙을 종이에 발라 파리를 잡는 데 썼다고 한
다. 또 뿌리 또는 포기 전체를 짓찧어서 종기나 옴,
벌레 물린 데 붙이면 해독 효능이 있다고 한다.
꽃이 지고 열매가 달리면 열매에 갈고리가
있어서 동물이나 사람한테 잘 붙어가서 번
식한다. 길 옆에 많이 자라는 것도 번식
의 전략일 것이다.

● 붉노랑상사화

잎은 꽃을, 꽃은 잎을 그리워한다. 잎과 꽃
이 만나지 못한 채 서
로를 그리워 한다는
상사화(相思花).
초가을에 은은한 노
란 빛으로 숲을 밝히
는 이 꽃의 이름은 붉노랑
상사화다.

● 짚신나물

6~8월에 긴 꽃줄기를 따라 여러 송이가 모여 노란 색 꽃을 피우
는 짚신나물은 이름이 정겹다. 씨앗이 갈고리 모양으로 옛 어른
들이 신었던 짚신에 잘 붙어서 이곳저곳으로 옮겨져 번식했기 때문에
붙여진 이름. 꽃의 크기가 앙증맞다. 꽃보다 나물이런가. 어린 순을 나물
로 먹을 수 있어 이름자에 아예 '나물'이 붙여졌다. 짚신나물의 잎과 줄기는 염
료로도 사용된다.

● 영아자

꽃잎이 다섯 가닥으로 갈라져서 뒤로 젖혀지면서 말
리는 모양새를 하고 있다면 영아자. 7~9월에 보라
색 꽃이 핀다. 초여름에 연한 잎과 줄기를 삶아 나물
로 먹거나 데쳐서 무쳐 먹을 수 있다. 가장 널리 쓰이
는 용도는 쌈채. 아삭아삭 단맛이 나며 식감이 좋다.

● 조록싸리

가지마다 빼곡하게 진분홍 꽃들이 피어나는 조
록싸리도 산길에서 자주 맞닥뜨린다. 조록싸리
는 벗겨 놓은 줄기 껍질이 조록조록 주름진 것
처럼 생겨서 붙여진 이름이다. 꽃싸리, 삼색싸리,
참싸리, 해변싸리, 풀싸리, 검나무싸리 등 우리나라에 자라는 싸리는 20여
종. 그만큼 친근하며 살림에도 요긴하게 쓰였다. 싸리는 가늘지만 탄력이
있고 단단하고 가벼워 마당을 청소하는 싸리빗자루부터 회초리, 소쿠리와 채반, 삼태
기 등에 이르기까지 쓸모가 많았다. 또 싸리를 엮어 담장이나 사립문을 만들기도 했
다. 과거에 민둥산이었던 우리나라 산을 푸르게 만든 대표 수종이기도 하다. 콩과식물
특성상 뿌리혹박테리아의 활동으로 대기 중 질소를 고정할 수 있어 헐벗고 척박한 땅
을 비옥하게 만드는 힘이 있다.

● 맥문동

맥문동 군락은 보랏빛 향연이다. 맥문동(麥門冬)이란 이름은 생태 모습을 담아 붙여진 이름이다. '보리 맥(麥)'자는 뿌리가 귀리나 보리를 닮았다고 해서 붙여진 것이고, '겨울 동(冬)'자는 뿌리가 겨울을 잘 이긴다고 하여 붙여졌다.

뿌리는 한방 약재로 쓰이며 마른 기침, 가래 해소에 효과가 있는 것으로 알려졌다. 그늘진 곳에서도 잘 자라는 특성 때문에 아파트나 빌딩의 그늘진 정원에도 많이 심어져 있다.

● 이삭여뀌

생김새가 독특하다. 가늘고 긴 꽃대 위에 갈고리 모양의 자잘한 붉은 꽃이 간격을 두고 드문드문 달려 있다. 이름대로 이삭 모양의 꽃차례가 줄기 끝에 길게 늘어져 있다. 꽃대의 길이는 30cm 안팎이고, 꽃의 크기는 4㎜ 정도이다. 산지의 그늘에서 많이 자란다.

여뀌는 개여뀌, 가시여뀌, 이삭여뀌, 장대여뀌 등 종류가 30가지가 넘는다.

여뀌의 가장 큰 특징은 잎과 줄기에 매운 맛을 갖고 있다는 것이다. 그래서 영어 이름도 'Water pepper'다.

● 칡꽃

여름에 숲길을 걷다 문득 맑고 달콤한 향기가 느껴진다면, 칡꽃일 가능성이 높다. 7~8월에 피는 칡꽃은 붉은 빛이 도는 자주색 꽃잎에 노란 무늬가 박혀 있다.

주위의 나무나 물체를 감고 올라가며 자라는 칡(葛)은 등(藤)나무와 더불어 '갈등(葛藤)'이란 말로 한데 얽혀 있기도 하다. 칡덩굴은 나무를 타고 오를 때 오른쪽으로 감고, 등나무 덩굴은 왼쪽으로 감고 올라가니 두 덩굴이 얼마나 심하게 얽히겠는가.

칡은 쓰임새도 많다. 칡즙 칡차 칡냉면 등 다양한 음식 재료로 쓰이며, 칡뿌리는 해열과 진해 등에 효과가 있다.

● 개쑥부쟁이

초롱꽃목 국화과의 여러해살이풀이다. 이름의 유래는 '개'와 '쑥'과 '부지깽이나물'과 '부쟁이'의 합성어이다. '쑥'은 잎이 쑥을 닮았다는 의미이고, '부쟁이'는 참취와 같은 취나물 종류를 뜻하는 사투리 '부지깽이나물'에서 유래했다.

접두사 '개'는 쑥부쟁이의 한 종류로 쑥부쟁이와 거의 비슷해서 붙인 것이다. 다만 쑥부쟁이 잎의 톱니가 개쑥부쟁이 잎의 톱니보다 훨씬 더 뚜렷하다. 또한 개쑥부쟁이는 꽃이 진 뒤 봉오리에 털이 송송 나 있고, 가지를 더 많이 쳐서 꽃이 핀 모습이 더 풍성해 보인다.

산이나 들의 마른 땅에서 발견되면 대개 개쑥부쟁이, 논둑이나 습지 주변처럼 물기가 축축한 곳에서 발견되면 쑥부쟁이일 확률이 높다.

꽃은 8~10월에 두상꽃차례를 이루어 가지 끝과 줄기 끝에 핀다.

● 꼬리풀

길고 가늘게 늘어진 꽃대에 촘촘히 피어난 꽃들이 마치 꼬리와 같다고 해서 '꼬리풀'이라는 이름이 붙여졌다. 꼿꼿함과 유연함이 공존하는 꽃으로 바람이 불 때 꼬리를 흔드는 것처럼 살랑살랑 흔들리는 모습이 매력적이다.

산과 들의 풀밭에 서식하는 여러해살이풀로 크기는 40~80cm 정도이다. 꽃은 늦여름에서 초가을 사이에 피며 분홍색, 보라색, 자주색, 푸른색 등 꽃색이 다양하다. 꽃말은 '달성'이다.

우리나라 꼬리풀은 총 9종이 기록되어 있으며 꼬리풀, 구와꼬리풀, 큰구와꼬리풀, 봉래꼬리풀, 산꼬리풀, 긴산꼬리풀, 넓은산꼬리풀, 섬꼬리풀, 부산꼬리풀 등이 있다.

한 사람의 힘

'나무를 심은 사람' 임종국

헐벗은 산에 홀로 수십 년 동안 나무를 심어 생명이 살아 숨쉬는 숲으로 바꾸어놓은 사람이 있다.

수풀 임(林), 종자 종(種), 나라 국(國). 그의 생애가 응축된 듯한 이름 석 자다. 호는 춘원(春園)이다. '나무를 심은 사람' 임종국(1913~1987).

공동의 선을 향해 한 걸음 한 걸음 나아간 그의 집념과 실천은 산의 모습을 바꾸고 세상을 바꾸었다.

편백나무 250만 그루, 삼나무 63만4천 그루, 밤나무 5만4천 그루…. '치유의 숲'이라 불리는 오늘의 축령산 편백숲은 그의 헌신이 있었기에 가능했다.

일제강점기와 6·25전쟁을 거치며 가난과 전쟁으로 인해 산의 나무가 사라진 것을 가슴 아파했던 그는 황폐해진 축령산을 푸르게 가꾸는 일에 평생을 바쳤다. '산을 푸르게 하는 것만이 나라를 되살리는 길'이라는 신념으로 나무를 심고 키우는 일을 그치지 않았다.

가뭄이 극심했던 해에는 물지게를 지고 험한 산비탈을 수없이 오르내리며 나무들에 일일이 물을 주었다. 1959년 사상 초유의 위력을 지닌 태풍 '사라'가 몰아쳤을 때도 비바람을 뚫고 숲을 누볐다. '미친 사람'이라는 소리를 들을 만큼의 열정이었다.

1956년 시작된 그의 나무 심기는 1976년까지 꼬박 20여 년간 계속됐다. 그리하여 헐벗은 산 570㏊가 울울창창한 초록숲이 되었다.

한 그루의 나무라도 더 심고 살리기 위해

그는 일제강점기인 1913년 내장산 아래 순창군 복흥면 동산리에서 태어났다. 일찍이 철든 소년이었던 그는 순창농업중학교 3학년 때 학업을 중단했다. 동생들의 앞날에 대한 걱정과 함께 농사만으로는 살기 어렵다는 판단 때문이었다.

그는 군산으로 갔다. 당시 군산은 일본의 수탈항으로 호남평야에서 실려온 쌀들이 모여들던 곳. 군산 제일의 미곡상을 찾아간 그는 "혹시 여기 사람 구하지 않습니까?"라며 "뭐든 열심히 하겠습니다"라고 외쳤다. 이어 주인의 대답을 듣기도 전에 미곡상 안으로 들어가 빗자루를 들고 나와선 상점 앞을 깨끗하게 비질했다.

일본인 주인은 깜짝 놀랐다. 임종국의 손바닥을 보고서였다. 비질을 하며 가게 앞에 떨어져 있던 쌀알들을 주워 모은 것이 한 주먹이었다. 주인인 그도 미처 신경 쓰지 못한 것을 소년이 한 것이다. 그날로 그는 취업했다.

그의 성정을 보여주는 또 하나의 일화가 있다.

미곡상에서 없어선 안 될 인물로 성장하며 돈을 모은 그는 정미소를 차렸다. 현미를 세 번 찧는 다른 정미소와 달리 그는 두 번만 찧었다. 그렇게 하면 기계 밑에 떨어진 등겨가 석 되쯤 됐는데 그는 그것을 가난한 이웃들에게 나눠 줬다. 당시 다른 정미소들은 돈을 받고 등겨를 팔 때였다.

중일전쟁이 일어나면서 정미소 문을 닫은 그는 새로운 일로 잠업을 치켜들었다. 잠업을 할 만한 마땅한 터를 찾다 아내 김영금씨의 고향인 장성으로 돌아와 잠업을 하게 된다. 빚을 내어 농원을 사들인 그는 1년 만에 흑자를 내기 시작했다.

그는 누에 키우는 방 둘레에 생석회를 바르고 숯으로 소독했으며 창호지까지 발랐다. 사람 사는 데보다 더 깨끗하게 소독을 하고, 아예 누에와 함께 살다시피 했다.

무엇을 하든 원칙대로 치열하게 해야 직성이 풀리는 사람이었다.

1944년 7월, 장성에 홍수가 났다. 비가 많이 오기도 했지만 워낙 산이 헐벗었던 탓에 더욱 피해가 컸다. 논밭이 잠기고 장성역까지 물에 잠겼다.

황폐일로의 임야를 걱정하며 그때부터 조림(造林)을 떠올렸던 그는 1956년 본격적으로 나무 심기에 뛰어들었다. 그가 택한 나무는 편백나무와 삼나무였다. 젊었을 적에 인촌(仁村) 김성수의 장성군 덕진리 야산에 쭉쭉 뻗어 자란 편백나무와 삼나무를 보고 깊은 인상을 받은 그는 '아! 우리 강산에도 이런 나무가 성장할 수 있구나'라는 확신을 가졌다고 한다.

고난도 많았다. 〈매년 수많은 인력을 동원하여 묘목을 식재하고 수목 가꾸기 작업을 계속해 나가는 한편 효율적 관리를 위해 보호원을 배치하고 임도를 개설하니 예상밖의 막대한 자금이 소요되어 결국 전답과 가택까지 처분하고도 많은 채무를 지게 되었다. 설상가상으로 홍수로 묘목장이 유실되는가하면 가뭄과 태풍으로 큰 피해를 입기도 했는데, 1968년 한발 때는 인력을 구할 수가 없어서 온 가족이 물지게를 지고 염천의 비탈길을 수 없이 오르내리며 한 그루의 나무라도 더 살리기 위해 혼신의 노력을 기울이니 인근 주민들이 야간에 횃불을 들고 나와 도와 주기도 하였다.〉

축령산 중턱에 세워진 '춘원 임종국 조림공적비'에 새겨진 내용이다.

그는 민둥산을 그냥 내버려두면 미래가 없다고 생각했다. 나무 농사는 백년 농사라고 생각한 것이다. 그와 함께 편백나무 씨를 뿌리고 묘목으로 길러내며 헌신적인 조력으로 숲을 가꾼 아내 김영금씨는 '백년 농사'의 동지였다.

나무 심는 일을 참된 삶의 목표로 삼은 그의 열정은 지역주민들을 서서히 변화시켰다. 지역주민들은 그와 함께 축령산에 나무를 심었고, 민둥산은 점차 편백나무와 삼나무 숲으로 변해갔다.

한평생 나무를 사랑한 그는 숲으로 돌아가고

어려움에 굴하지 않고 끝끝내 숲을 일군 그의 진정어린 몸짓은 인공조림에 대한 관심을 불러일으켜 국토녹화에 선구적 역할을 했으니, 그는 한국 조림(造林)의 시조로 불린다.

그가 가꾼 편백나무숲은 1헥타르 당 700~2500그루가 분포해 있으며 나무의 평균 높이는 18m나 된다. 축령산은 천연림과 인공림의 비율이 75대 25인데 입목축적은 천연림이 101m², 인공림이 250m²이다. 인공림이 그만큼 잘 보존돼 있다는 뜻이다.

그의 손길이 거쳐 간 곳은 장성군 북일면 문암리, 서삼면 모암리, 북하면 월성리 등이다.

그는 1980년 뇌졸중으로 쓰러진 뒤 7년 투병 끝에 세상을 떠났다. 장남 임지택씨가 전한 그의 유언은 "나무를 더 심어야 한다. 나무를 심는 게 나라 사랑하는 길이다"였다. 조림왕다운 유언이다.

한평생 나무를 사랑한 그는 숲으로 돌아갔다. 자신이 나무를 심고 가꾸었던 축령산 자락에 깃들었다.

산림청은 그의 업적을 기려 축령산 편백나무숲에 수목장을 조성했다. 수종은 유가족과 상의해 새천년 기념목인 느티나무로 택했다. 평생 남편의 뜻을 지지하고 도왔던 아내 김영금씨 역시 그곳 상수리나무 아래 묻혔다.

축령산 편백나무숲은 2000년 산림청과 생명의숲이 주관한 제1회 아름다운 숲 전국대회에서 '아름다운 천년의 숲'으로 선정돼 공존상을 받았다.

한 사람의 힘이 오늘날 '치유의 숲'으로 불리는 숲의 첫걸음이었다. 우리 모두는 그 숲을 통해 얻는 만큼의 행복과 위로를 그에게 빚지고 있는 셈이다. '춘원 임종국 조림공적비'에 새겨져 있듯, 이 숲에 와보면 누구나 그의 모습을 볼 수 있고 그의 음성을 들을 수 있을 것이다.

고샅고샅
마을들

1

싸목싸목 옛마을 산책

금곡영화마을

편백나무와 초가가 조각된 다리를 건넌다.
북일면 문암리 '금곡영화마을'.
마을 이름에 '영화'가 들어 있다.
'영화의 고향, 태백산맥 촬영장소'라는 표지석이며, 천하대장과 지하여장군 장승 뒤로
'금곡영화마을'이라는 안내판이 눈길을 끈다.

"고향은 내 영화인생의 뿌리"라고 밝힌 바 있는 장성 출신 임권택 감독의 영화 〈태백산맥〉(1994)의 촬영지로 유명하다. 〈태백산맥〉은 조정래의 동명소설을 원작으로, 해방 직후 좌우익의 이념 대립 속에 희생당하는 소박한 마을 사람들을 통해 민족의 비극과 아픔을 그린 작품.

이후 산골 소녀의 풋풋한 첫사랑을 그린 〈내 마음의 풍금〉(1999), 시골 분교로 발령난 교사의 에피소드를 코믹하게 연출한 〈만남의 광장〉(2007) 등 옛 농촌 풍경을 배경으로 한 영화와 6·25특집극 〈오른손 왼손〉, 거지왕 김춘삼을 소재로 한 〈왕초〉 등 드라마의 배경지가 되었다.

축령산에 안긴 금곡은 마을 전체가 동향이다. 자연채광이 뛰어날 뿐만 아니라, 마을을 감싼 축령산이 있어 소음 차단이 완벽하다. 개발의 손길이 미치지 않은 산중마을은 1960년대 풍경을 고스란히 지키고 있어 시대극에서는 세트장이 필요없는 최적의 영화촬영지로 각광을 받았다.

세트장이 아니라 주민들의 삶이 이어지고 있는 금곡마을.

마을복지센터와 경로당의 지붕을 해마다 초가로 잇는 정성으로 이 마을을 찾아오는 이들에게 옛 서정을 전하고 있으며 고샅길에서 만나는 초가지붕 우물과 돌담들, 연자방아와 디딜방아 등이 아스라이 잊혀져가는 옛마을의 기억을 불러낸다. 마을 들머리에 자리한 재실도 지나치지 말고 의병 조여일(曺汝一)의 발자취를 들여다 볼 일이다. 금곡 출신 조여일이 1592년 임진왜란이 일어나자 장성현 남문에서 창의(昌義), 의병청을 세우고 김경수 휘하의 참모로 들어가 창의군(의병)과 군량을 모집해 정읍, 태인, 여산, 진위, 직산, 소사 등지에서 왜적과 치열한 전투를 펼쳐 여러 차례 승전했고 정유재란 때는 진주에서 왜적들과 싸우면서 불멸의 전과를 올렸다. 전란이 끝난 뒤에는 고향에서 후학을 가르쳤다고 전해진다.

불의 앞에 기꺼이 나서서 깃발을 들었던 의로운 정신을 새기고, 고즈넉한 정취를 누릴 수 있는 이 마을을 찾는다면 서두르지 말고 싸목싸목 걸어야 할 터이다.

2

골목골목 재미지고 정겹다

주암마을 벽화

황토담벼락에 낸 창문으로 소가 순하게 바라본다. 촌의 아버
지들이 "낼은 밭에 가자. 낼은 논에 가자"고 사람한테 말하듯
말 건넨 일동무, 일소다.
"사람들이 진짜 소인줄 알아. 근디 그림이여."
장성 서삼면 모암1리 주암마을 김봉태(65) 이장이 "옛날에 그
집에서 소 키웠어. 지금은 없어"라고 벽화 해설사처럼 말씀
해 주신다.
주암마을 벽화는 '으뜸마을만들기' 사업의 하나로 그려졌다.
골목골목에 담벼락마다 그려진 그림들로 마을이 환하다.
장독대 앞에 봉숭아꽃이 피었다. 담장에는 능소화 줄기가 휘늘
어져 있다. 담장에 기대 세워진 지게에는 소를 먹일 풀이 그득
하다. 담장 아래 강아지풀이 바람에 흔들린다. 그림인지 실물
인지 가까이 다가가서 확인하게 된다.

얼기설기 시누대와 황토로 쌓은 흙담, 벽에 걸린 소쿠리, 조랑조랑 매달린 씨옥수수, 오래된 문살 등을 생생하게 그려낸 마을 풍경이 정답다. 봄나들이 뽕뽕뽕 가는 병아리떼, 살금살금 담장 위를 걷고 있는 고양이를 보고 있노라면 마음이 평화로워진다. 농촌의 일상을 세밀하게 담았다.

"부모님 세대의 정취를 보여드리고 싶었다. 벽화를 그리는 동안 어르신들이 많이 좋아했다. 날마다 모정에 앉아서 구경하시고 맛난 밥상도 차려주셨다. '그림이 다 살아있는 것 같다' '절로 옛날 생각이 난다'는 칭찬 덕분에 더 신명나게 그렸다."

벽화를 그린 함정이(52) 작가는 "마음과 마음이 통하는 마을이었다"고 작업 소감을 말한다.

주암(舟巖)마을은 마을이 배 형국이라 붙여진 이름이다. 마을을 배로 보고 남쪽의 궁개산(180m) 봉우리에 있는 '돛대바우'를 돛대로 여긴다. 1789년(정조 13)에 간행된 호구총수에 주암리(舟巖里)로 기록돼 있는 오래된 마을이다.

수령 200년이 넘은 당산나무가 너른 품을 펼쳐 마을 모정에 그늘을 드리운다.

"어릴 때 당산나무 밑에서 구슬치기 하고 놀았다. 여자들은 고무줄놀이 하고. 나무 옆에 있는 큰 바위에 두세 명 씩 누워서 놀기도 했다."

김봉태 이장의 추억 한 자락이다.

축령산 골짜기에서 흘러나온 물이 주암마을 앞 들판을 적신다. 당산나무 옆 공동우물로 흘러드는 물소리가 시원스럽다.

"옛날에는 요 물을 금쪽같이 알았어. 요 물을 길어다 밥도 해먹고 빨래도 하고 그랬어. 겨울에 여기 얼음 얼면 방망이로 깼어. 물은 부족하지 않았어. 요 물 갖고 농사짓고 살았어. 축령산에서 물이 그치지 않고 내려왔제."

김순임(96)씨가 풀어놓는 공동우물의 내력이다.

흥성흥성 사람들이 붐비던 우물터에 지금은 옛 이야기가 지줄댄다.

3

두 번 이사한 바위

광암마을 글자바위

'광암(廣岩)'이라는 이름에서 드러나듯 마을 앞에 넓은 바위가 많았던 광암마을(북일면 문암리). 들머리에 너럭바위 하나가 눈길을 끈다.

마을 사람들은 '남바위'라 불러왔다.

움직이지 않는 것이 바위라 하였으나, 이 커다란 바위는 앉은 자리를 두 차례나 옮겼다.

바위는 원래 내 건너 들 가운데 돌무더기 위에 놓여 있었다. 중국에서 만리장성을 쌓던 시절, 이 돌을 수십 명이 밀고 밀어 운반하다가 이제 다 쌓았노라는 기별에 그 자리에 그냥 두고 갔다는 전설 같은 이야기가 전해지는 바위.

크고 넓은 바위는 들에서 일하다 둘러앉아 정담을 나누거나 새참을 먹기에도 맞춤했고, 밤이면 그 바위에 자면서 물꼬를 지키기에도 요긴했다.

"90년대에 경지 정리를 하면서 이 바위를 묻어버리려고 하는 것을 못 묻게 하고 하동 정씨 열녀각 있는 데다 우선 붙여 두었어요."

2008년 주민들의 뜻을 모아 마을 모정 옆으로 바위를 옮기는 결행을 한 이는 문암리 차상현 이장이었다. 마을 사람들 곁으로 더 가까이 돌아온 바위는 광암마을의 상징이 됐다.

바위 위에는 '文岩(문암)'이라는 서기(書氣) 가득한 글자가 새겨져 있어서 더욱 눈길을 끌었다. 누구는 지나던 선비가 이 바위에 앉아 쉬고 가다가 정표로 새긴 글자라고도 했다.

차상현 이장은 바위의 내력을 장성군청 문화관광과에 문의, 전남도 문화재 전문위원의 답을 듣게 됐다. 이 너럭바위는 선사시대 고인돌 상석으로 보이며 이는 문암마을 일대가 아주 오랜 옛날에도 사람이 살기 좋은 조건을 가진 곳이었음을 방증하는 것이라 했다.

'文岩'이라는 글자는 조선시대 선비 양심당(養心堂) 정지핵이 새겼음도 알게 됐다. 정지핵은 출세에 관심을 두지 않고 참봉 벼슬에 임명되어도 나아가지 않아 '숭정처사(崇禎處士)'라 불렸다고 한다.

산골 오지인 북일면이 '서당동'이라 불린 것은 일찍이 하곡(霞谷) 정운룡(1542~1593)이 강학하던 개천초당(介川草堂)이 있었고 하곡의 손자 정지핵의 문암초당(文岩草堂), 하곡의 증손자 정원표 등의 효우당(孝友堂), 동리(東里) 정학명의 동리재(東里齋) 등이 내리내리 후진을 강학해 왔던 연유다.

이 바위에 앉아 있으면 수험생은 머리가 맑아져 공부에 집중할 수 있고 임산부는 심신이 안정돼 태교에 도움이 된다는 마을 주민들의 자랑과 사랑을 듬뿍 받는 바위. 광암마을 글자바위다.

4

나무가 지킨 마을

숲안마을숲

우람한 나무 한 그루가 멀리서도 한눈에 들어온다. 둥치가 텅 빈 오래된 나무다.

아래서 쳐다보니 하늘이 보이지 않을 정도로 이파리가 무성하다. 오랜 세월 이 마을을 들고 나는 사람들을 반기고 배웅해왔을 터.

그 나무에 이끌려 들어선 마을이 '숲안마을'이다.

솔재~축령산 능선의 동쪽에 있는 북일면 문암1리 숲안마을은 '숲 안에 있는 마을'이라 붙은 이름이다.

숲이 가꿔진 연유가 있다. 풍수지리설에 따르면 마을 형국이 물 위에 떠있는 배(行舟) 모양이라 마을의 번영과 풍요를 위해서는 접안 시설이 필요했다. 마을사람들은 고민 끝에 나무를 심어 배를 정박시키면 액막이가 될 것으로 생각하고, 나무를 심기 시작한 것이 마을을 아름답게 지키는 숲이 됐다.

아름드리 느티나무, 팽나무, 서어나무가 마을 천을 에워싸고 있다.

〈사람의 마을 또한 생태계의 한 단위로서 숲에 깃들어, 숲과 함께 살아간다는 생태적 진실을 알려주는 이 아름다운 마을숲에 '아름다운 마을숲' 상을 드립니다.〉

'숲안마을숲'은 2002년 제3회 아름다운숲 전국대회에서 마을숲 부문 어울림상을 수상했다.

주소 : 장성군 북일면 문암리 17-1

5

네 품에서 꿈을 꾸며 자랐고

세포마을 시비(詩碑) 동산

오래 전 이곳에 나무를 심은 이가 있었다.

서삼면 대덕리 세포마을 들머리. 긴긴 세월을 품은 아름드리 느티나무가 모정 옆에 서 있다. 나뭇잎에 일렁이는 바람 따라 정다운 이야기들이 소살소살 들려오는 듯하다

나무 앞엔 '朴凰根 植樹'라고 새긴 소박한 빗돌이 자리해 있다. '1953년 3월3일'이라고 식수한 해와 날짜도 새겨 놓았다.

원래 아주 오래된 정자나무가 있었는데 6·25전쟁 중 불에 타버렸다고 한다. 까맣게 탄 자리에 다시 푸른 희망을 심었다.

해마다 나무는 키를 키우며 봄이면 연둣빛 새 잎을 내밀

고 여름이면 넉넉한 그늘을 지어 동네 사람들의 땀을 씻어주었으리.

나무를 심은 그 할아버지를 그리워하는 손자가 있다.

〈그리운 나의 탯자리. 할아버지 박황근님께서 심으신 이 정자나무 아래로 돌아오고 싶은 간절한 마음을 담아 함께 자란 박형동 시인의 시비들을 세웁니다.〉

세포마을이 고향인 박일균(77·주식회사 장성유통 대표)씨가 지난 2015년 5월 나무 둘레둘레에 시비(詩碑)들을 세운 연유다.

〈언제 너를 잊었더냐/ 언제 너를 떠났더냐// 네 품에서 젖을 먹고 자랐고/ 네 품에서 꿈을 꾸며 자랐고// 너를 그리며/ 힘겨운 나날들을 참았고/ 너에게 돌아와/ 안기고 싶었던 세포여// 나의 살과 뼈도 네 것이며/ 나의 넋까지 네 것이었으니…〉('나의 마을 세포여' 중)

고향에 바치는 헌사다. 광주경신여고 등에서 교사 생활을 했으며 장성문협과 전남문협 회장을 역임한 박형동(76) 시인이 쓴 여덟 편의 시를 만날 수 있다.

세포마을의 품에서 꿈을 꾸며 자란 소년들이었던 박일균씨와 박형동 시인의 고향 사랑이 이 시비 동산에 함께 실려 있다.

〈아무도 찾아오지 않는/ 여기 뿌리를 뻗고/ 여윈 몸을 부대끼며 살아온 땅/ 나는 여기

가 좋아// 여린 뿌리 뻗을 한 뼘 터가 있어/ 모양새는 없어도 그냥 꽃 피우고/ 씨를 맺어 이 터에 다시 떨구며/ 우리끼리 어우러져/ 살아가면 되니까// 때때로 산들바람이 불어와/ 푸른 향기를 날려 보내고/ 그 바람을 따라 드러누우면/ 두 눈 가득 담기는 푸른 하늘// 나는 이땅이 좋아〉('잡초의 땅' 중)

뿌리 내린 땅에 대한 긍정과 끈질긴 생명력이 전해진다.

이 시비 동산의 이름은 '들뫼 시비 동산'이다.

들뫼는 "높고 수려한 산이 아니라, 들판에 있는 낮고 이무로운 산, 늘 가까이 곁에 있고 마음 편히 안길 수 있는 동산 같은 사람으로 살고 싶은" 마음이 담긴 그의 호다.

《아내의 뒷모습》《바보의 노래》《껍데기를 위한 항변》등 6권의 시집을 낸 그는 문불여장성(文不如長城)의 맥을 잇기 위해 장성 출신 문인들의 작품과 문단활동을 집대성한 《장성문학대관》을 편찬했으며 2017년부터 장성군립중앙도서관 문예창작반을 이끌어오고 있기도 하다.

〈잠 못 이루는 깊은 밤이나/ 먼 길을 가다가 지쳐 잠시 쉴 때면/ 자신도 모르게 그 이름을 꺼내/ 슬며시 만져보는 것이다〉('잊는다는 것' 중)

잊을 수 없다는 역설. '고향'에 관한 고백으로도 들린다.

6

마을의 안녕 지키는 당산나무

대덕리 팽나무

아! 뵙자마자 깊은 탄성이 마음속에서 일어난다.

압도된다. 거대한 풍채에 온통 신비스러운 기운이 감돌고 있다. 범접하기 어려운 위용이다.

금줄을 둘렀다. 여느 나무와는 다른 존재라는 표식이기도 하다.

당산제가 모셔지는 나무다. 수수많은 세월의 풍상을 굳세게 헤쳐왔듯, 그 자리에 한결같이 서서 마을의 안녕을 지켜주는 나무.

그 앞에서 사뭇 삼가는 마음이 된다.

나무의 주소는 '장성 서삼면 대덕리 한실 8-4'.

마을의 뒤편 산길에 호젓하니 자리해 있다.

수령 700년의 팽나무. 키는 19미터, 가슴높이둘레는 7미터에 이른다. 1982년 장성군 보호수로 지정됐다.

"우리 마을 공동의 보물이제."

대덕2리 김순정(68) 이장님도 마을의 보물로 꼽는다.

예전의 어머니들께는 자식들의 무탈과 건강을 기원하는 기도처이기도 했다.

"우리 윗대 어머니들은 나무님한테 많이 빌었어. 어머니들이 식구들 두루두루 보살펴 주시라고 기원하고 마음속으로 많이 의지했던 나무제."

마을의 안녕을 비는 당산제는 정월 보름에 행해졌다. 한동안 끊겼던 당산제가 작년부터 다시 이어지고 있다.

삿된 것을 금한다는 의미로 쳐 놓는 금줄은 일상적인 공간과 비일상적인 공간 사이의 경계를 상징한다. 보통 쓰는 새끼는 오른쪽으로 꼬는 오른새끼인 반면, 금줄은 왼쪽으로 꼬는 왼새끼이다.

오랜 전통이 다시 맥을 잇고, 팽나무는 여전히 마을 사람들의 마음 속에 우뚝하다.

도란도란 사람들

Story 01

"숲이 주는 선물 받아가세요"

숲해설가 김상기

〈지인들과 숲을 거닐면서 꽃에 대해 궁금증을 찾는 와중에 우리에게 나타나 주신 오아시스 같은 선생님들. 너무 반갑고 선뜻 해설을 해주시겠다고 해서 너무 감사했습니다.(중략) 숲 곳곳을 자세하게 설명해 주셔서 우리는 감탄과 재미 속에 푹 빠져 걸었습니다. 숲은 그냥 걷는 것이 아니라 주변을 보며 관심을 가지는 것임을 알게 되었습니다.〉(산림청 홈페이지 '칭찬합시다' 발췌)

축령산 숲해설가로 활동중인 김상기(68·'미래숲문화연구회' 대표)씨를 향한 칭찬이다.

축령산 자락 모암마을에서 5대째 살고 있는 김상기씨.

"고향에 대한 애정이 각별하다. 1992년도에 국방부가 이곳에 포사격장을 조성하려 했을 때 주민들과 연대해 6개월간 열심히 투쟁해서 막아냈다."

'축령산 편백 치유의 숲'이 피탄지가 되어 사라질 뻔한 위기였다.

"냉혹한 군사정권 시절에 정부와 싸워 지켜낸 숲"이어서 이 숲에 대한 애정과 애착이 더 크다. '축령산보존협의회'를 결성하는 등 축령산 지킴이로 활동하는 한편 숲해설가 교육을 받고 숲 해설을 해온 지 8년째다.

편백숲을 조성한 임종국 선생에 대한 이야기는 기본, 편백 삼나무 낙엽송 등 나무들의 특성이나 야생화와 약초에서부터 기후위기 시대에 축령산 숲의 역할까지 숲 이야기는 무궁무진하다. 해설은 대상자 맞춤형이다. "학생들한테는 탄소중립 기후위기 같은 이야기, 60대 넘은 분들한테는 건강이나 약초 관련 이야기, 가족들한테는 숲을 즐기는 방법, 관광버스 등산객들은 정상을 찍는 것이 목적이니 정상으로 가면서 최대한 축령산을 느끼고 갈 수 있도록 한다."

축령산을 찾는 방문객들을 위해 이런저런 이야깃거리들을 끊임없이 궁리한다.

지난 7월31일 지역매체 '장성닷컴'에는 특종 기사가 실렸다. '장성 축령산에도 폭포가 있다' 제하의 기사는 축령산에 유일하게 존재하는 폭포는 영암국유림관리소 영림단에서 근무했던 조영현(75)씨가 만든 것이라며, "2002년도에 근처에서 낙엽송을 벌목하는데 나무가 쩍 갈라지면서 홈이 패인 나무가 발견돼 이곳에 설치한 것이 22년 동안 썩지 않고 물이 흐르고 있다"는 조씨의 말을 인용하고 있다.

낙엽송 대롱에서 쏟아지는 작은 물줄기에 '1m폭포'라는 흥미로운 이름을 붙인 이는 김상기씨.

"폭포 높이는 1m에 불과하지만 숨이 차오르는 등산로에서 폭포라 이름붙인 물줄기를 만나는 것만으로도 청량함을 맛볼 것이다. 폭포가 없는 축령산의 유일한 폭포로 명소가 될 만하다."

이름을 짓고 불러주어서 비로소 등산객들에게 폭포가 된 것.

"최근에는 '두 자 폭포'도 발견을 했어요. 곧 공개할 겁니다."

축령산 야생화들에도 애정이 깊은 그이의 핸드폰 사진첩에는 축령산의 사계와 나무과 꽃들로 가득하다. '미래숲' 숲해설가 동료들은 그이를 '축령산 백과사전'이라 부른다. 아침 일찍 출근하면 새 소리 계곡에 물 흐르는 소리를 녹음해 두기도 한다. 축령산을 오감으로 전하고 싶은 마음이다.김상기씨가 자주 인용하는 시가 있다.

〈내려갈 때 보았네/ 올라갈 때 못 본/ 그 꽃〉

15자로 씌어진 고은 시인의 '그 꽃'을 읊으며, 올라갈 때도 쉬엄쉬엄 '그 꽃'을 만나시라고 당부한다. 방문객들을 위해 그이가 숲해설가 동료들(공철호·전계순·김기종)과 함께 만든 특별한 이벤트가 있다. 이름하여 '황혼의 프로 포즈'.

미리 준비해 두는 프로포즈 반지는 편백나무 열매를 링에 붙인 것. 가을이면 예쁜 열매를 모아 꼭지를 사포로 갈 아 링을 붙인다. "연세 드신 부부들이 오면 남편분한테 프로포즈를 권합니다. 숲속에서 프로포즈를 받은 아내분들 이 무척 감동을 하세요. 예전에는 그런 의식이 없었잖아요. 근처에 있던 분들도 전부 박수를 치고 좋아하세요. 편 백열매 반지 하나로 작은 축제 같은 장면들을 추억으로 갖게 되는 것이죠."

무장무장 커지는 축령산 숲사랑을 널리 전염시키고 싶은 것이 그이의 바람이다.

Story 02

숲에서 찾은 두 번째 삶

숲해설가 공철호

"숲 해설을 할 때마다 내 병력을 얘기한다. 18년 전 간 이식 수술을 했다. 현재 두 번째 삶을 살고 있다. 지금도 3개월마다 정기검진을 다니고 있지만 건강하게 살고 있다."

장성 축령산 숲해설가 공철호(66)씨는 병색이라곤 없는, 자신의 건강한 몸 상태를 숲의 효능이라고 설명한다.

그가 숲 해설을 시작한 것은 경찰에서 퇴직한 후부터다.

"5년째 규칙적으로 숲을 걷는다. 상쾌한 공기를 들이마시며 삼림욕을 할 때마다 마음이 진정되고 심신이 회복되는 느낌이다. 피톤치드의 효과는 과학적으로도 규명됐다."

피톤치드(phytoncide)는 식물이 분비하는 항균물질로, 편백나무 삼나무 소나무 같은 침엽수들이 주로 만들어낸다. 몸을 움직일 수 없는 식물이 외부의 벌레나 미생물에 대항해 자신을 보호하기 위해 만들어내는 것이 피톤치드다. 항균효과뿐만 아니라 심신을 편안하게 해주는 진정작용, 스트레스 해소, 수면 증진 효능이 있다. 면역기능 강화, 폐기능 강화, 혈압조절 등에도 이로운 것으로 알려졌다.

"경찰 생활 38년이다. 사건 현장 검수를 수없이 나갔다. 지금도 돌아다니다보면 범죄현장이 그대로 머릿속에 들어온다. 무슨 일이 일어났었는지 주마등처럼 스쳐 지나간다. 형사들도 트라우마가 있다. 죽을 때까지 없어지지 않는다고도 한다. 숲에서 지내면서 트라우마도 치유하고 있다."

면역력이 높아지고 스트레스가 쌓이지 않는 생활 덕에 건강을 유지하고 있다고 덧붙인다.

전북 고창과 경계를 이룬 축령산(621m) 일대에는 50~70년 된 편백나무와 삼나무 등 늘 푸른 상록수림대 1150ha가 울창하게 조성돼 있다.

축령산 숲 해설은 3월부터 12월10일까지 이어진다.

"아침 9시까지 출근한다. 오전 10시부터 12시 사이가 가장 청량한 기운이 든다. 숲 해설 예약이 없는 날은 하루 두 번씩 숲에 어떤 풀이 자라고, 어떤 꽃이 피었는지 모니터링 한다."

틈날 때마다 그는 혼자 산소숲길과 음이온길 걷기를 좋아한다.

"호젓한 옛길이다. 좁은 흙길이 구불구불 이어진다. 숲이 우거져 옛 정취를 느끼기 좋다."

숲에서는 서두르지 말고 천천히 걸으면서 찬찬히 풀꽃나무를 쳐다보시라고 권한다.

"사람이 나무 곁에 있는 것이 '쉴 휴(休)'자다. 축령산에 드는 사람들과 소통하고 공존하며 지내는 하루하루가 즐거움의 연속이다. 숲에 오면 그만큼 이득을 본다."

피톤치드가 풍부한 축령산에서 심신을 치유하며 제2의 삶을 살고 있는 공철호씨는 말한다.

"이것도 자연인 생활이다. 숲으로 오시라!"

숲속에서 숨 쉬는 행복

조문기

"어때요? 내가 아픈 환자 같아요?"
조문기(63)씨는 3개월 전 몸이 아파 경기도 수원에서 장성 축령산으로 왔다.
"숨쉬기가 너무 좋다. 이런 숲이 있다는 것이 얼마나 행복한지 모른다. 코로만 맡지 말고 심호흡을 하면 더욱 좋다."
겨울 추위가 오기 전까지는 축령산에 머물 것이라 한다.

모암마을 금빛휴양촌 주차장에서부터 '만남의 광장'으로 올라가는 길은 초입부터 편백나무 숲길이다.

"매일 오전에 걷는다. 싱그럽고 신선하다. 아홉시 반에 나와서 물소리숲길로 가기도 하고 깔딱고개길로 걷기도 한다. 7000보쯤 걷는다."

처음 이곳에 왔을 땐 몇 걸음도 제대로 걷지 못할 정도로 힘들었다고 말한다.

"물소리숲길을 좋아한다. 계곡물이 흐르고, 양옆으로 앞뒤로 편백나무가 빽빽이 서 있어서 나를 감싸 안아주는 느낌이 든다. 세상에서 제일 좋은 공기를 마신다는 생각이다."

도시에서는 상상도 할 수 없는 생활이다.

"도시에서는 숨쉬기가 힘겨웠다. 여기는 24시간이 다 좋다. 밤 9시면 별 보러 나온다. 밤하늘에 별이 반짝인다. 별을 세다 잊어 먹는다."

별 내리는 마을에서 윤동주 시처럼 '별 헤는 밤'을 보낸다.

"밤이면 풀벌레 소리가 벽 하나를 사이에 두고 창문 너머로 들리는데, 그 소리를 들으며 스르르 잠이 든다. 아침에 깰 때까지 이어지는 그 소리가 평화롭다. 여기 왔으니까 들을 수 있는 소리다. 이곳이 나의 진정한 쉼터다."

그는 축령산의 아름다움을 유지하기 위한 바람을 덧붙인다.

"축령산은 지금 이대로 이미 좋다. 뭘 더 설치하려고 하지 말고 자연스럽게 깨끗하게만 관리해주면 좋겠다."

도시의 책숲에서 시골의 나무숲으로

인문학자 남궁협

"일주일마다 축령산에 옵니다. 집에서 가까운 추암지구 쪽으로 자주 걷고, 모암지구나 대덕지구로도 한번씩 올라가고요. 정상으로 가는 등산로는 가파른 깔끄막(비탈)이라 웬만해선 산꼭대기까지 가지는 않습니다. 보통 두어 시간 가볍게 산책을 하고 갑니다."

장성 삼서면 전원주택단지 '드림빌' 주민 남궁협(64)씨는 매주 축령산을 걷는다. 축령산의 맑은 공기와 편백나무 향을 들이마시면 저절로 몸과 마음이 편안해진다. 장성으로 귀촌한 그에게 축령산은 뜻밖의 선물이 되었다.

그는 대학에서 언론학과 철학을 공부하고 가르쳤으며 도서관장을 지낸 전직 교수이자 인문학자다. 퇴직과 함께 도시의 삶을 접고 시골살이를 작정한 뒤 여러 지역을 돌며 거처를 물색했다. 마침내 2022년 장성 드림빌 한복판, 하루 종일 햇볕이 드는 집에 안착했다. 당호도 '다순집'으로 걸었다.

평소 등산과 걷기를 즐겨하는 그는 자연스레 축령산 애호가가 되었다. 평생 도시의 책숲에서 살았던 그가 시골의 나무숲에 푹 빠져들었다.

"축령산에는 길이 여러 갈래입니다. 복잡하고 헷갈리기도 하겠지만 그게 축령산의 매력입니다. 오솔길이 여기저기 있고, 어디서든지 산에 들어 걸을 수 있고, 사통팔달 이어져 길을 잃을 일도 없지요. 산림도로가 넓게 나 있어 비 오는 날 우산을 쓰고 여럿이 걷기도 좋아요. 숲이 우거져 휑하지도 않습니다. 안온한 동네 뒷산에 온 것처럼 좋지요."

축령산 예찬이 늘어진다. 그는 축령산을 걸으며 낯선 시골살이에서 생기는 고민들을 곱씹고 정리한다. 축령산은 어느새 그의 일상 속 공간이 되었다.

"이사 와서 보니 마을도서관에 열쇠가 채워져 있었어요. 도서관 문을 열고 주민들이 커뮤니티 센터처럼 편하게 올 수 있도록 이런저런 행사들을 했습니다. 인문학 특강도 하고 작은음악회도 했어요. 현직 소방 구조요원을 초청해 주민들에게 긴급구호 요령을 가르치기도 했습니다. 20여 명의 동네 아이들을 위해 마술사를 초청해 마술쇼도 보여주고, 바느질 잘하는 주민을 강사로 불러 바느질 특강도 하고, 드론 배우기 특강도 했습니다. 이런 행사들을 계기로 주민들이 서로 친한 이웃이 되길 바라고 있지요."

건강하고 활기찬 마을공동체를 꿈꾸고 실천하느라 그의 전원생활은 분주해졌다. 스스로 마을도서관에 붙잡힌 관장이 되었고, 마을의 전경과 소식을 전하는 유튜브 방송을 운영하기도 했다.

호흡을 조절하면서 싸목싸목(천천히) 관계를 맺고 조금씩 뭔가를 만들어 갈 생각이다.

"도시에서는 흔한 게 인문학 프로그램인데 시골은 그마저도 없어요. 그래서 지난 3월부터 삼계도서관에서 작은 인문학 프로그램을 시작했어요. 소통을 통한 공동체성 회복에 필요한 인문학입니다."

그는 추암마을에서 대덕마을 쪽으로 걷다가 정상으로 가는 '하늘숲길'을 자주 걷는다. 무려 1,000여 개의 계단을 하나씩 오르며 숨을 고르고 머릿속의 여러 생각들을 정리한다. 축령산의 맑은 정기를 받아 새로운 마을 공동체의 꿈을 이루길!

축령산 산신령의 즐거운 상상과 나눔

세심원·휴림 쥔장 변동해

금곡영화마을 뒤 축령산 숲속에는 '산신령'이 산다.

전남 장성에서 전북 고창으로 이어지는 들독재 일대에 터를 잡은 청담(靑潭) 변동해(70) 선생이다.

산신령 말고도 방외거사(方外居士)라는 별명으로 자주 불린다. 울타리 안에 있지 않고 바깥에서 사는 사람. 보통 사람과는 다른 생각을 하고, 엉뚱한 일을 즐겨 하는 이. 말하자면 '괴짜'다.

50대 초반에 30년 공무원 생활을 접고 산사람이 되었다. 안정적인 직장대신 불투명한 꿈을 따라 움직인 셈이다.

"터와 땅을 구분해야 합니다, 땅은 당장 돈만 있으면 살 수 있지만 터는 하늘이 주는 것이니까 공을 들여야 돼요. 여기에 터를 산 것은 37년 되었죠. 집을 지은 것은 25년이고요."

그는 일찌감치 축령산의 가치에 눈을 뜨고 진득하게 공을 들였다. 마음을 빼앗긴 터를 장만하기까지 20년을 기다렸다. 땅을 팔 때가 된 소유주는 제일 먼저 그를 찾았단다.

마침내 1999년 편백나무로 집을 짓고 세심원(洗心院)이라는 당호를 걸었다. 10년 동안 나무와 황토, 숯으로 손수 지은 세심원은 '만인의 별장'이 되었다. 그는 누구라도 "지치고 찌든 마음을 쉬면서 닦고 가라"며 1백 개의 열쇠를 만들어 나눠주었다. 전국의 명사들과 예술가들의 발길이 축령산으로 이어졌다.

"열정만 있으면 뭐든 돼요. 오직 열정이 있는 자만이 할 수 있어요. 제가 축령산에 온 뒤 언론에 엄청 나왔어요. 인터뷰를 하자고 하면 꼭 조건을 붙였죠. '축령산을 알리려거든 임종국 선생 이야기가 꼭 들어가야 된다'는 것이었어요."

그는 시골 아저씨처럼 수더분하고 친근한 인상이지만 속내로는 매우 치밀하고 영리한 축령산 홍보맨이었다. 이어 세심원을 기반으로 인문학 강좌, 산중 음악회, 전시회 등 다양한 문화행사를 줄기차게 열었다. 축령산 세심원에서 따뜻한 쉼을 누렸던 나그네들은 그가 하는 일들을 좋아하며 힘을 보태는 응원군이 되었다.

그는 축령산이 내면을 다독이며 성찰하고 앎을 얻는 인문의 산으로 나아가는 디딤돌을 놓았다.

"저는 무슨 일을 해놓고 그걸 바라만 보고 있어도 좋습니다. 그림 하나 갖고 있으면 볼 때마다 즐겁고요. 그것이 보약이라고 생각해요."

그의 거처에는 틈틈이 수집한 각종 예술품과 나무, 특이한 형상을 지닌 돌멩이까지 볼거리와 이야기가 끊이지 않는다.

또 세심원 근처에 흙집 펜션 휴림(休林)을 운영하면서 건강한 잠자리와 먹을거리에도 공을 들이고 있다. 최근에는 홍어회, 하몽, 어란, 육포 등을 만들어 발효시키는 '발양루(醱養樓)'를 지었다. 된장, 고추장부터 음식을 직접 만드는 그가 고안하고 직접 지은 '발효음식 저장시설'이다.

"축령산 나무숲에서 쉬었다 가라", "좋은 그림을 보러 와라", "홍어도 잘 익고 마침 팔목주도 마실 만하다"

그가 세상 곳곳의 친구들을 부를 이유가 자꾸 늘어나고 있다.

"산중사람들은 굶어 죽지는 않아요. 나무도 있고, 약초도 있고…. 축령산의 혜택이고 축복이지요."

그는 매일 새벽 카톡과 메시지로 지인들에게 편지글을 보내며 끊임없이 소통한다. 날마다 축령산의 이야기가 전국으로 퍼진다.

그는 처음으로 축령산 향나무로 목침을 만들어 상품화했고, 거대한 빗자락 '세심비'를 마을에 세우기도 했다. 세월이 흘러도 식을 줄 모르는 열정이다. 어떤 즐거운 상상이 현실이 되어 눈앞에 펼쳐질지 궁금해진다.

Story 06

'함께' 나무를 심은 사람들

금곡마을 배진갑

"임종국씨 그 양반이 조림할 때 우리가 나무를 숨궜어(심었어)."

축령산 아래 금곡마을에서 토박이로 살아온 배진갑(90) 어르신.

"60년에 제대를 해서 돌아오니 온 동네 사람들이 나무를 숨구러 다니고 있었어."

그이의 청년시절은 산자락에 엎드려 나무 심던 기억으로 가득하다. "2월부터 산에 들어가 바닥 정리를 허기 시작해. 그래갖고 인자 3월부터 숨구기 시작해서 4월 초까지 숨궈. 농번기 전이제."

기계가 없던 시절이니 일일이 사람 손으로 해야 하는 일이었다.

"잡목 같은 것을 톱으로 낫으로 다 짤라내고 바닥 정리부터 해. 지금은 산에 불을 못 놓게 헌디 그때는 다 모타가지고 불을 놔서 바닥을 깨끗이 치워놓고 그 담에 나무를 숨궈." 나무 심는 일에는 남자와 여자 하는 일이 달랐다.

"나무 숨굴 구덩이를 파는 것은 남자 일이여. 모 심을 때 못줄 같은 것으로 구덩이 팔 자리를 표시를 해서 줄을 띠워 주는 사람이 따로 있어."

남자들은 구덩이를 파고 여자들은 뒤따라오면서 묘목을 넣었다.

"망에다 나무를 넣어갖고 다님서 구덩이에다 숨궈. 3년생 묘목이라 키가 한 자나 되여."하루 품삯은 그리 많지는 않았던 것으로 기억한다.

산중에 농지도 많지 않고 일거리도 없으니 그 일자리도 반갑고 고마웠다. 장성 쪽 금곡, 제암, 광암마을 사람들은 물론 고창 고수에서도 재를 넘어왔다.

"너도나도 일 하고자운(하려는) 사람들이라 늦게 오면 그 일도 없어. 아침 8시 안에는 딱 산판에 가야 돼. 금곡서는 7시 못 되야서부터 올라가. 고창 사람들은 새복(새벽)에 나와. 늦게 오문 못헌께."점심은 싸가지고 다녔다. "뭐 반찬이라는 것도 없어. 보리밥덩이 하나 갖고 가서 물은 거그서 떠묵어."

축령산 일대에 편백나무 조림사업을 펼치면서 개인 산에도 편백을 심도록 군에서 묘목을 지원해 주었다.

"그때 우리들이 산에 올라댕임서 2~3년생 심은 것이 지금 70년이 넘어가고 아름드리 나무들이 된 거여. 임종국씨 그 양반이 큰 일 허셨지. 그 양반이 나무 안 숨궜으문 축령산이 이런 좋은 산이 안 됐지."

축령산 거대한 숲은 임종국이라는 거인의 뜻과 생애와 더불어, 축령산 자락에 깃들어 살아온 수많은 사람들의 손길이 보태졌음을 돌아보게 하는 말씀이시다.

Story 07

나무 베고 나무 심던 산판의 기억

문암리 차상현 이장

축령산 자락 문암마을에 살아온 사람들은 거개 축령산에 나무 심던 기억을 갖고 있다.

문암1구 차상현(68) 이장은 축령산에서 산판 일꾼들을 감독하던 아버지 차평준씨의 기억을 떠올렸다.

"나무를 심을라면 잡목을 먼저 베어내야 하니까 벌목하는 산판이 컸어요. 소나무고 잡목이고 나무라고 좀 굵은 것은 다 잘랐어요. 그때는 기계도 없으니 전부 사람 손으로 하는 거요."

남자들은 톱을 가지고 와서 나무 둥치를 베고 여자들은 낫을 가지고 와서 잔 가지를 쳤다.

봄에 새로 묘목을 심기 전에 산지를 정리해야 하니 벌목 일은 주로 겨울에 이뤄졌다.

"얼었다 녹은 땅은 척척하고 춥고 그러니 비료 포대에다 볏짚을 넣어가지고 폭신하게 방석을 만들어요. 그거 깔고 앉아서 톱질하고 낫질하는 거죠."

장성 사람들뿐만 아니라 솔재 넘어 고창 고수에서도 남정네와 부인네들이 한 50명씩 넘어왔다. 문암리 쪽 50명까지 더해 100여 명이 일하는 산판이었다.

농지가 많지 않은 산골에서 농사 수입만으로 식구들을 건사하기 어려운 시절이었다.

"동네 분들이 일거리가 생기면 가리지 않고 마다 않고 한푼이라도 더 벌려고 하셨어요. 품을 판 삯을 얼마간에 한번씩 목돈으로 받으면 자식들 학교 월사금 같은 데 요긴하게 쓰셨어요. 지금도 우리 아버지 덕에 자식들 가르쳤다고 고마워들 하세요."

골골 산비탈에서 잘라낸 나무들을 실어내는 것도 일이었다.

"웃개도리를 많이 하죠. 여기서부터 여기까지 싹 다 끌어내는데 얼마 그렇게 하는 거요."

'웃개도리'는 모내기나 추수할 때 일정 작업량이나 면적을 정해놓고 품삯을 정하고 공동으로 일을 하는 작업 방식.

"웃개를 받으면 이제 각자 등지게로 져가지고 길갓으로 내리는 거예요. 지게삯을 받고요." 산판 일에는 쏠쏠한 덤이 따랐다.

"전에는 밥을 하든 난방을 하든 땔감이 있어야 하잖아요. 다들 일 끝나면 내려 오면서 나무다발을 이고 내려왔어요. 낮에 점심을 얼른 드시고 나무를 주어서 묶어놨다가 저녁에 이고 지고 집에를 오시는 거에요."

산판에 일거리가 생기면 나무도 챙길 수 있었으니 땔감 걱정은 덜고 산 편이다.

산판에서 벌목해서 나오는 잡목들 중 닥나무는 전주 제지공장으로 실어냈다.

"예전에 금곡마을에서 종이를 만들었어요. 닥나무가 많았어요. 굵은 둥치만 실어가니까 가느다란 끝단 그런 것은 땔감으로 썼죠."

참나무는 별도로 쌓아두고 숯을 구웠다. 구운 숯을 산봉우리에서 내리는 데도 인력이 필요했다.

"숯을 내리는 것도 웃개도리를 해요. 이만큼 끌어내는 데 얼마다 하고. 숯은 마대자루에 담아서 묶어놓는데 한 자루에 얼마씩이다 삯을 정해놓고 힘 적은 사람들은 한 개씩 지고, 좀 힘이 있으면 두 자리도 져서 내리고."

힘이 팔팔했던 청년 차상현씨도 지게에 나무도 지고 내리고 숯자루도 지고 내렸다. 광양제철까지 자동차를 운전해서 숯을 납품하는 일도 도맡았다.

봄이 오면 나무를 심었다. 편백나무, 삼나무, 낙엽송 등 세 종류를 심는데 편백은 주로 하단에 심고 다른 종류는 상단 쪽에서 심었다.

"날마다 새 풀이 올라올 때라 바닥에 풀을 베어내고 정리를 해야 하잖아요. 풀 베다 보면 그 속에 딱주도 있고 도라지도 있고 더덕도 있고 그러니 고추장 하나 가지고 가면 점심에 반찬이 따로 필요 없어요."

잡목이 없이 침엽수가 늘어선 축령산 풍경 속에는 축령산 자락 사람들의 노역이 배어 있는 것이다.

숲속 공방에서 글과 그림을 새긴다

서각예술가 방영석

축령산 자락 산길을 굽이굽이 돌았다. 서삼면 대덕리 세포마을의 숲속에 외딴집이 있다.
자그마한 살림집과 알맞은 크기의 작업장, 그리고 여느 시골집처럼 풍성한 남새밭을 가졌다. 서각예술가 흥촌 방영석(65) 작가의 공방이다.

"27년 전 이곳에 들어와 집을 짓고 지금까지 행복하게 살고 있다. 그때는 '축령산 편백'이 유명하다는 말도 나오지 않던 시절이다. 참 이상하게 고등학교 다닐 때부터 장성 사람들과 자꾸 인연이 되었다. 직장생활을 하다 접고 개인사업을 하면서 시골에서 살고 싶어 장소를 물색하러 다녔다. 장성을 돌아다니다 우연히 여기 옆 마을에서 한 노인을 만나 이야기를 나눴는데 그분이 자기 땅을 소개했다."

해남 두륜산 자락 흥촌마을이 고향인 그는 6살 때 광주로 와서 살다가 39살에 장성에 새 둥지를 틀었다. 축령산의 공기를 마시고 살면서 좋아하는 서각 작품을 하나하나 만들어 가는 재미에 푹 빠져 산다. 4년 전에는 황룡장에 장옥 2개를 빌려 '흥촌 서각공방'을 열고 서각공예를 가르치고 있다. 서각을 배우려는 사람들을 모아 함께 활동하면서 회원전도 열고 어린이들을 위한 체험학습도 진행한다.

서각은 나무에 글과 그림을 새기는 목공예술이다. 사찰의 현판과 주련 등이 대표적인 전통서각 작품이다. 그의 작업은 글과 그림에 색깔이 더해지고 목재 이외에도 다양한 소재를 사용하면서 상상력을 발휘하는 현대서각이다.

"지역의 예술 장르 중에 특히 목공예 분야가 취약하다. 현대서각을 공부하는 분도 별로 없고. 그런데 서각을 해보니까 너무 좋아 알려주고 싶었다. 그동안 살면서 다른 사람들의 도움을 많이 받았는데, 내 재능도 나누면 좋겠구나 생각했다."

그가 사람들이 접근하기 쉬운 장터에 공방을 열고, 장성역 근처 도로변 '우리동네 미술관'에서 해마다 개인전과 회원전을 여는 이유다. 그는 지역축제장의 서각 전시회, 타지역 예술가들과 교류전, 장성 작가들의 활동상 등을 담은 자료들을 모으고 서각예술 활성화를 위해 적극적인 홍보활동을 펴고 있다.

"주로 은행나무를 쓰지만 편백나무, 참죽나무, 벚나무 등 여러 종류의 목재를 쓴다. 편백나무를 쓰고 싶어도 구하는 게 쉽지는 않다. 벌목을 하고 입찰을 하는데 큰 회사들이 대규모로 거래를 한다. 목재소를 통해 몇 그루씩 구하는 정도다."

축령산에 살지만 축령산 편백나무는 구하기 힘든 귀목이다. 서각은 나무 준비부터 긴 세월이 필요하다. 그는 축령산 작업실에서 나무를 켜서 2~3년 말린 뒤 대패질과 톱질 등 작품 크기에 맞추는 판재 작업을 한다. 그가 처음 시작한 목공예는 서안을 짜맞추는 소목장이었다. 그러다 소목장에 비해 작품을 만드는 주기가 짧고 다양한 시도가 가능한 서각의 매력에 빠졌다. 그렇게 15년 세월이 훌쩍 흘러갔다. 축령산에 들어와 나무를 만나 목공예의 세계에 입문했고, 생업에서 물러난 뒤 여생을 온전히 서각예술에만 전념하게 되었다.

"시골마을의 경로당이나 마을회관에 가면 현판이 있다. 대부분 목공소에서 기계로 만든 것인데, 그걸 서각작품으로 교체하는 봉사를 하고 싶다. 또 축령산 올라가는 길목에는 정자가 여럿인데 그곳에 서각 작품을 걸었으면 좋겠다. 정자마다 이토록 소중한 자연을 선물한 임종국 선생에게 바치는 선물을 만들고 싶다. 산

에 오르는 사람들이 작품을 감상하면서 임종국 선생에 대한 고마움도 함께 느낄 수 있도록
하는 것이 소망이다.”

서예뿐 아니라 이미지, 조형, 디자인. 색감, 캘리그래피 등을 작품에 녹여내는 현대서각은 종
합예술이다. 축령산은 그에게 작업의 피로를 풀어주는 쉼터이자 새로운 작품을 구상하는 에
너지를 불어넣어 준다. 그는 정호승의 시집 제목인 ‘사랑하다 죽어버려라’를 좋아하며 즐겨
새긴다. 죽는 날까지 축령산을 사랑하며 지켜 갈 축령산의 작가다.

숨 쉬러 오세요

'대덕휴양관' 관장 방창식

"내 고향 산이니까 좋죠."

그보다 명쾌한 이유가 어디 있으랴.

"어린 시절엔 산에 간다는 생각조차 없이 친구들과 날마다 일상으로 오르락내리락 했던 곳이죠. 우리들에겐 산이 놀이터였어요. 나무가 빼곡히 우거져서 그 사이로 햇빛이 내리쬘 때면 영화관 영사기가 내쏘는 것처럼 빛의 통로가 생겼지요. 그 풍경이 늘 마음에 남아 있어요." 산길을 골목처럼 내달리고 누비면서 자란 아이들 중 하나였다. 축령산의 너른 품에 안겨 자란 어린 날들을 '아름다운 시절'로 마음속에 간직하고 있는 방창식(65)씨.

"산딸기도 따먹고 칡도 캐먹고…. 정금, 더덕, 도라지 등등 산이 철철이 내어주는 선물이 참 많았어요."

한동안 도시에서 직장생활을 하기도 했지만 이내 고향으로 돌아와 다시 뿌리를 내렸다. 서삼면 대덕리 대곡마을 뒤편에 자리한 '축령산 대덕휴양관'을 운영하며 고향의 삶을 살고 있다.

지난 2012년 대곡 산촌생태마을사업의 하나로 세워진 대덕휴양관은 편백나무와 삼나무가 울창한 숲속에 안겨 있으며 여름철에 물놀이를 즐길 수 있는 계곡도 끼고 있다.

황토와 편백으로 지어진 숲속 산장은 모두 8채로, 10평형, 17평형, 23평형 등 규모도 다양하다.

"몇 해 전부터 마을에 임대료를 내고 제가 운영을 맡고 있습니다. 한 번 오신 분들이 다시 또 찾는 경우가 많아요. 일단 휴양관이 자리한 축령산이란 자연 자체가 좋아서일 것이고, 깨끗한 시설에서 고요한 휴식을 취할 수 있는 곳이라 재방문이 많은 것 같습니다."

피톤치드 향 가득한 숲속에서 누리는 몸과 마음의 평온이 있다.

"오시는 분들께도 맑은 공기 많이 마시고 가시라고 말씀드려요. 시간대마다 공기도 바람도 맛이 달라요. 특히 해름참에 골짜기에서 불어오는 바람이 참 좋아요."

상생을 위한 새로운 변화도 있다. 올해부터 숙소 8개 동 중 3개 동에 산촌유학생 가족 3가구가 둥지를 틀었다.

인근 서삼초등학교에 다니는 산촌유학생 가족들이 임대해 살고 있다.

갈수록 학생 수가 줄어드는 시골 작은 학교가 문 닫지 않도록 도교육청과 장성군청이 '농산어촌 유학 프로그램'을 지원하고 있다.

그도 서삼초등학교 40회 졸업생이다.

"우리 때는 학생 수가 많았죠. 마을에서 우리 또래만 해도 열몇 명이었어요. 지역의 소멸을 막기 위해서도 학교 살리기는 중요하죠."

고향의 자연 속에서 뛰놀며 자란 어린 시절의 추억은 그에게 늘 힘을 주는 소중한 자산이다.

"여름이면 개울에서 물장구 치고 놀고 가재도 잡고 대사리도 잡고…. 그때는 개울에 고기들도 많았어요. 1급수에만 산다는 버들치도 있었고요."

마을 뒤쪽에 자리한 당산나무인 팽나무 아래도 아이들의 아지트였다. "팽 열매도 따먹고 나무 타고 놀고. 그 아래서 온갖 놀이와 시합을 다 했어요."

한동안 끊겼던 당산제도 작년부터 마을에서 다시 잇고 있다.

"옛날에는 우리 마을이 가을이면 나무꾼들이 줄을 섰어요. 겨울 땔감 준비하려고 축령산으로 나무꾼들이 많이 왔어요."

그도 중학생 때부터 나무하러 지게 지고 산을 더트고 다녔다.

나무하던 기억과 짝을 이루는 것은 나무 심기다.

"나무를 반듯이 심을라문 못줄 잡듯이 줄을 잡고 줄띄우기를 해줘야 돼요. 아이들이 산을 날아다닐 정도로 잘 타니까 아이들도 어른들 나무 심는 데 가서 줄 잡고 줄 띄우는 일을 하고 잔심부름도 하고 그랬어요."

축령산의 울울창창함에는 그처럼 어린 날에 나무 심기를 돕던 아이들의 공력도 깃들어 있으리라.

"축령산은 그 자락의 마을 주민들이 긴긴 세월에 걸쳐 지켜오고 가꿔온 산이죠." 그래서 산을 향한 애정이 더욱 깊은 그는 축령산보존협의회 회장으로도 활동하고 있다.

"축령산에 인위적 개발을 더하기보다 있는 그대로 자연스럽게 잘 보존했으면 좋겠어요. 축령산 자락의 마을 주민들이 긍지와 자부심을 느낄 수 있는 산으로, 도시의 속도에 지친 사람들이 숨 쉬고 갈 수 있는 산으로 한결같이 우리 곁에 있어주길 바라죠."

'쉼'이란 말보다 '숨'이란 말이 더 절실히 와닿는다. 제대로 숨 쉬며 살고 있는가.

몸과 마음을 살리는 '숨'이 그 산에 있다.

주소 : 장성군 서삼면 대덕한실길 89-109(대덕리 산100-3)

전화 : 061-395-2728

팔십 평생 고향을 지키고 살았네

대곡마을 김영수

"저도 그때 집 지었어요. 바로 저기 위쪽, 기역자로는 하나뿐이에요."

서삼면 대덕리 대곡마을 들머리 모정에서 만난 김영수(81) 할아버지. 기와집이 즐비한 마을을 내려다보면서 동네에 한옥들이 들어선 사연을 들려주신다.

10여 년 전, 전남도와 장성군이 추진한 행복마을 조성사업에 대곡마을이 지정되면서 새로 한옥을 짓는 가구마다 4천만 원의 보조금을 받았다. 한옥의 겉모양이 모두 '一'자 형으로 같은데 할아버지의 집만 'ㄱ'자 형을 취해서 더욱 눈에 띈다.

평화롭게 사는 마을이지만 할아버지에겐 평생 잊지 못할 아픈 기억이 있다.

"지금은 사오십호 됩니다. 6·25 때는 108호가 살았어요. 무척 컸지요. 대곡에 산다고 하면 다른 동네 사람들이 건들지를 못했다 그래요. 근데 6·25 때 제일 피해를 많이 봤지요. 하루저녁에 남자들만 스물여덟 명을 구덩이 하나에 넣고 죽였어요. 여자들까지 합하면 사십 명이 넘어요."

1950년 음력 6월25일 저녁이었다. 남의집살이를 하던 사람이 위원장 완장을 차게 되자 그동안 감정이 좋지 않았던 이웃들을 집단학살한 끔찍한 사건이었다. 지금도 스물아홉 집이 한날한시에 제사를 지내는 연유다.

축령산 자락 서삼면 일대의 비극은 그것으로 끝이 아니었다. 인민군이 물러간 뒤 군경이 부역자를 색출한다며 마을마다 대대적인 수색을 벌였고, 무고한 사람들이 토벌대에 의해 참혹한 죽음을 맞았다.

"여기는 쌀농사 지을 논이 많이 있었어요. 어린 아이들도 많아서 동네가 북적북적하고, 고샅이 시끌시끌했지요. 나는 3킬로 떨어진 서삼국민학교를 다녔어요. 친구들은 축령산으로 나무를 하러 가고 그랬지만 나는 그때 나무 지게를 지지는 않았어."

부잣집 도련님으로 자랐지만 아버지의 죽음과 함께 시련이 닥쳤다. 중학교를 졸업하자마자 생업에 뛰어들 수밖에 없었다.

"우마차를 끌었어요. 목포 우시장에 가서 나락 60섬을 주고 큰 소를 사서 돌을 날랐어요. 수레도 광주에서 나락 석 섬 반을 주고 맞춰왔어요. 다른 건 일절 안 싣고 돌만 실었제. 근처 석산에서 일 년 내내 돌을 깼는데 우마차 20대가 왔다갔다 실어 날랐어요. 하천 제방 공사장 하나를 하면 보통 돌을 몇 만 개씩 쌓았어요."

무려 8년 동안 이를 악물고 공사장으로 돌을 날랐고 집안을 짓누르던 빚을 갚아나갔다. 그 일을 끝낸 뒤 농사를 지으면서 쌀장사를 했다.

가장 큰돈을 만진 건 차떼기로 소장사를 할 때였다.

"무안 가서 10시쯤 작업을 해서 서울로 가면 새벽 1시, 2시가 되고 그랬제."

험한 세상, 꾀부리지 않고 살아냈다. 오직 당신의 노동으로 집안을 일으키고 자식들의 앞길을 열었다.

"마을 뒤편으로 올라가면 큰 팽나무가 있어요. 해마다 북 치고 장구 치고 당산제를 올려요. 올해도 했어요."

마을의 자랑인 팽나무 당산처럼 축령산 자락 고향마을을 지켜온 토박이의 한 생이다.

Story 11

"저 산이 니그들을 키웠다"

대덕2리 이장 김순정

"여기가 축령산을 두르고 있어서 공기도 좋고 물도 좋고 마을 사람들도 좋으셔. 크고작은 일에 단합이 잘 되고 합심이 잘 돼. 마을 풀베기나 마을 대청소를 할 때도 집집이 다 나와서 내 일처럼 열심히 해불어. 울력의 전통이 살아있제. 집에 맛난 것 있으면 회관으로 가지고 나와서 같이 나눠먹어. 서로 인정스럽게 사는 마을이여."

50여 가구가 오손도손 모여 사는 서삼면 대덕2리 김순정(68) 이장님의 마을자랑이다.

지난 2016년부터 이장 직을 맡았으니, 마을 일을 해온 지가 9년째다.

"축령산 골에서 나온 물이 마을 앞으로 졸졸졸 흘러. 물 좋고 공기 깨끗한께 이 좋은 자연 속에서 건강하게 살라고, 외지 사람들도 많이 들어와서 살아. 주말이면 왔다갔다 하면서 사는 사람들도 있고."

행복마을로 지정되면서 고샅고샅에 한옥들이 많이 들어서 마을은 예스런 정취를 이룬다.

이장님이 마을의 보물로 꼽는 것은 마을 뒤쪽에 서 있는 오래된 팽나무. 세월의 풍상 이겨내고 여전히 장엄한 초록을 짓고 선 나무는 무려 700살이다.

정월 대보름이면 마을의 안녕을 비는 당산제가 치러지는 당산나무이기도 하다.

한동안 끊겼던 당산제가 작년부터 다시 이어지고 있다.

"옛날에는 정월 대보름에 마을 집집이 돌아다니면서 깽맥이도 치고 북적북적 활기가 있었어. 이제 깽맥이 잘 치던 분들은 다 돌아가셨제. 옛날에는 그 소리만 들어도 신났어. 마을 애기들이고 어른들이고 그 뒤를 따라다니면서 덩실덩실 춤추고. 사람 사는 재미가 있었제."

또랑에서 빨래하고, 나무 땔감으로 겨울을 나던 세월을 건너왔다.

"예전에는 축령산에 나무하러 많이 다녔제. 산판 하면서 쳐낸 나뭇가지들이랑 솔가지들 저날라서 쌓아놓고 불 때면서 긴긴 겨울을 났어. 축령산이 없었으면 겨울나기 힘들었을 것이여."

"축령산이 준 것이 많다"고 말하는 김순정 이장님.

"봄에 고사리도 끊고 취도 뜯어다 먹고. 시집와갖고 처음에 동네 어른들 따라갔을 때는 고사리가 바로 발 밑에 있어도 안 보이더만. 차차로 눈이 뜨이면서 보이는 재미, 끊는 재미가 컸제. 옛날에는 사람 손의 힘이 컸어. 부지런히 끊고 모으면 상당히 벌이가 됐어. 황룡장에 내다팔기도 하고 장사들이 사러 오기도 하고. 나는 젖이 잘 안 나온께 고사리 끊어서 팔아갖고 애기 분유 사서 먹이고 그랬어. 고마운 고사리여. 저 산이 니그들을 키웠다고 울 애기들한테도 말했제."

'6천원 시골밥상'의 비결은 상생

'백련동 편백농원' 김진환·김주엽 형제

〈형제는 용감했다〉라는 영화가 있다.

편백숲으로 이름난 축령산 자락에도 용감한 형제가 있다. 도시의 삶을 당연하게 받아들이는 세태에 굴하지 않고, 시골을 전면에 내세우며 시골의 삶을 선택한 김진환(39), 김주엽(35)씨.

자신들이 자란 고향인 서삼면 추암리에서 '백련동 편백농원'과 로컬푸드 식당인 '백련동 시골밥상'을 운영하며 살고 있다.

벌써 3대째 일구어 오고 있는 가족기업이다.

1990년대 초반에 할아버지(김규삼), 할머니(기안서), 아버지(김동석), 어머니(정순임) 등 온 식구가 할머니의 고향인 이곳으로 귀촌했고, 덕분에 형제는 축령산의 품에 안겨 자랐다.

"저랑 동생은 중고등학생일 때도 집안 농사를 많이 도왔어요. 일하느라 친구들과 놀러다니지도 못해서 그땐 농촌 생활에 긍정적이지만은 않았어요. 좀더 철이 들면서 농촌 지역에 청년이 해야 할 역할이 반드시 있다는 생각이 들더라고요."

청년의 힘으로 지역을 바꾸고 싶다는 꿈을 품게 된 것.

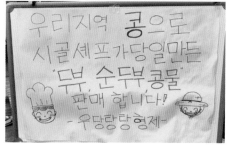

조선대 정치외교학과를 졸업한 형 진환씨는 농업법인회사 백련동 편백농원의 이사이자 (사)편백나무숲 대표로 일하고 있고, 호남대 조리학과를 졸업한 동생 주엽씨는 '시골셰프'를 자처하며 '시골밥상'을 꾸리고 있다.

깊은 산골짝 마을이 날마다 흥성흥성하다. 점심시간이면 식당문 앞에 신발들이 가득 찬다.

텔레비전 프로그램 〈한국인의 밥상〉이며 〈한국기행〉 등에도 소개된 유명한 맛집이다.

할머니의 손맛으로 시작해서 어머니가 이었던 식당에 3대인 주엽씨가 가세했다. "도시의 호텔이나 레스토랑에서 화려한 음식을 만들기보다 고향땅에서 이웃 어르신들이 농사지어 거둔 건강하고 좋은 식자재로 음식을 만들고 싶었어요."

어렸을 때부터 부모를 도와 농사일을 했고 지금도 농사를 계속 짓고 있기 때문에 그는 자신이 쓰는 식자재의 특성을 훤히 꿴다. 봄여름으로는 가지·오이·상추 등을, 가을에는 배추 등을 직접 농사 짓는다.

손님들이 제일 많이 찾는 메뉴인 '시골밥상'은 6천원이다.

제철나물이며 두부며 김치며 10여 가지 반찬을 뷔페식으로 차려 마음껏 골라먹을 수 있고 집에서 담근 된장 고추장과 유기농 쌈채소들까지 올라가는 밥상이다.

이 고물가 시대에도 고집스럽게 '6천원'이란 가격을 지키고 있다.

그 가격을 유지하는 비법을 형제는 '상생'이라 말한다.

"우리 지역 중소농과의 상생이죠. 화학비료를 써서 크고 이쁘고 상품성 있는 농산물만 유통되는 구조에서 벗어나 소위 '못난이 농산물'들을 가져다 써요. 우리도 농사를 1천 평 이상 짓지만 필요한 나머지 농산물들은 지역 농가의 못난이 농산물들로 충당하죠. 어르신들이 당일 거둬 가져오신 신선한 재료를 쓰는 것도 우리 식당의 자랑입니다."

판로 개척에 어려움을 겪는 지역 농민들에게도 힘이 되는 일이다.

"지역 농가들과 협업체제를 구축해 장성 지역의 먹거리로 만드는 밥상"이다. 식자재 본연의 맛을 살리며 천연조미료

만 사용하는 건강밥상이기도 하다.

'시골셰프'인 주엽씨가 추구하는 것은 손맛. 어머니를 비롯 마을 어르신들과 주방에서 함께 일하며 삶의 연륜이 더해진 손맛과 레시피를 수시로 배운다.

개미진 맛을 지닌 묵은지는 때깔만 봐도 시간이 짐작된다.

산중이기에 가능한 땅속 김칫독이 맛의 원천이다. 김장은 일년지대사다. 열흘쯤 계속되는 김장 대장정을 통해 7000~8000 포기의 김치를 담근다.

시골밥상 식당을 비롯 편백체험학습장, 자연농법농장, 편백제품 공방과 판매장, 농특산물 판매장 등등 '백련동 편백농원'이 꾸리는 수많은 일들에는 지역, 상생, 나눔, 공유라는 가치가 함께 한다.

마을 주민들이 농사지은 것들을 갖고 나와 팔 수 있도록 식당 입구에 만들어 내어준 농특산물 판매시설에도, 암환자들에게 무료로 내어주는 축령산속 치유농장 '채락원(菜樂園)'에도 그 뜻은 깃들어 있다.

"건강 잘 지키시길 바랍니다. 열심히 응원합니다!"라는 마음으로, 올 봄에도 밭을 갈고 이랑을 만들어서 분양했다.

"아버지는 우리 집은 나무를 키우니까 너도 나무를 키우라고 하지 않았어요. 그게 고마워요. 내가 나무는 키울게, 너는 이 나무를 가지고 또 다른 것을 해보라고 격려하고 응원해 주셨죠. 편백나무를 키우고 가꾸는 게 할아버지 세대의 일이었고, 그 나무로 무언가를 가공하는 게 아버지 세대의 일이었다면 거기에 교육이나 문화, 체험, 판매, 서비스업 등을 결합시키는 일은 우리 세대의 몫이라고 생각해요."

김진환씨는 편백농원을 통해 편백이란 지역 향토자원의 가치를 재활용한 농촌융복합산업을 이끌고 있다. 농림축산식품부가 지정한 농업 6차산업 우수경영체이기도 하다.

"가족과 마을 분들이 힘을 합해서 하니깐 가능한 일이죠. 마을에서도 20가구 이상이 함께 참여하고 있어요. 일거리가 생기고 마을에 변화가 생겨서 어르신들도 좋아하세요."

귀농한 청년들도 있다. 젊은이들을 찾아보기 어렵고 인구가 줄어드는 농촌현실에서 반가운 일이다. 청년들이 이곳에 와서 즐겁게 의미있게 일할 수 있도록 동기부여가 되는 일들을 기획하는 것도 그의 몫이다.

"축령산 하면 공동체란 말이 먼저 떠올라요. 축령산 자락 마을들의 나이드신 어르신들과 이야기 나누다 보면 저 산에 임종국 선생님이 나무 심을 때 나도 같이 심었다는 말을 참 많이 들어요. 그 어르신들이 산 증인이죠. 울창한 편백숲을 보며 사람이 많이 모이면 이런 일도 해낼 수 있구나, 공동체의 힘이 이렇게 크구나 깨달았어요. 많은 이들에게 '치유의 숲'으로 다가드는 것을 보면서 마을 사람들이 느끼는 자부심도 커요."

장성 지역의 아이들이 축령산에 나무를 심도록 해야겠다는 생각도 거기서 싹텄다. "매년 식목일을 전후해 장성 지역의 초·중학교 학생들이 참여하는 '내 꿈 심고 나무 심고' 행사를 숲배움터에서 열고 있어요. 나무를 심고 미래의 꿈을 팻말에 적어 매달고, 나중에도 자신의 나무를 찾아 돌보는 거죠."

하나의 나무가 여러 그루 나무가 되고 마침내 거대한 숲을 이루듯 더불어 함께 하는 농촌을 꿈꾸며 편백꿈마을학교와 국제인증 숲배움터도 꾸리고 있다. 숲과 농촌, 사람을 잇고 있다.

형제는 "자라면서 부모님께 배운 가장 소중한 가르침은 상생"이라고 말한다. "말씀으로가 아니라, 삶으로 실천으로 가르쳐 주셨죠. 시골에서의 삶과 일을 지속가능하게 하는 힘도 상생에서 나온다고 믿고 있습니다."

주소 : 장성군 서삼면 추암리 산 20(추암로 555)
문의 및 체험프로그램 신청·예약 : 061-393-7077
홈페이지: www.brdong.com

싸목싸목
장성 명소

강물 따라 봄가을에 꽃축제

황룡강

"옛날 이 강에 황룡(黃龍) 두 마리가 살고 있었
다. 황룡은 승천을 꿈꾸며 오랫동안 기도했고
마침내 소원을 이루게 되었다. 첫 번째 황룡이
승천을 마치고 두 번째 황룡이 날아오를 때, 마
침 물을 길러 나온 마을 처녀가 이 광경을 보고
깜짝 놀라 실수로 용의 꼬리를 밟고 말았다. 승
천하지 못한 용은 강에 그대로 남아 장성을 두
루 살피는 수호신이 되었다."
장성 황룡강이 품고 있는 전설이다.

황룡강은 장성 북하면 입암산성 골짜기에서 발원해 장성호와 읍 시가지를 거쳐 광주 광산구 동곡 송대마을 앞에서 영산강을 만난다.

총 길이는 61.9㎞. 장성군 해당 길이는 32.8㎞이며 22개 지류를 갖고 있다. 황룡강에는 해오라기, 쇠백로, 버들치, 갈겨니 등의 새, 민물고기, 물풀들이 저마다 자리를 차지하고 조화롭게 살아간다.

'황룡강 생태공원'도 조성돼 장성 대표 관광지로 자리잡고 있다.

황룡강변 10리 길을 따라 꽃물결이 출렁인다. 봄이면 노랑꽃창포, 금영화, 꽃양귀비, 끈끈이, 수레국화, 마편초 등이 환하게 피어난다. 가을엔 백일홍, 천일홍, 해바라기, 황화코스모스 등 100억 송이가 넘는 가을꽃들이 찬란하게 빛난다. 푸른 하늘과 초록의 가로수길이 물그림자들과 어우러진다. 봄과 가을에 꽃축제가 열린다.

황룡이 여의주를 물고 굽이치며 나아가는 모습을 표현한 용작교에 밤이면 영상이 보태져 신비한 분위기를 만들어낸다.

황룡강 맞은편에 설치한 황룡강 폭포는 장성의 새로운 랜드마크다. 이 인공폭포는 3층 건물과 맞먹는 10m 높이

에 폭은 20m에 이른다. 동굴에 들어가면 폭포수 안쪽에서 밖을 바라볼 수 있어 색다른 재미가 있다.
물줄기를 따라 흘러나오는 조명과 물안개가 어우러진 풍경이 환상적이다. 황룡강을 건너는 징검다리가 놓여 있다. 일명 '장성 용봉봉 다리'. 별자리 중 북극성을 둘러싸고 있는 '용자리'는 황금사과를 지키던 라돈(Ladon)이라는 용으로, 육안으로 123개의 별을 볼 수 있다. 황룡강 용의 전설과 용자리에서 착안해 여의주를 포함한 124개의 징검돌을 놓았다.
소원을 빌며 다리를 건너면 황룡의 기운을 받아 소원이 이뤄진다고.

◆ 주소 : 장성군 장성읍 기산리 28-16, 장성 황룡강 일원 (구)공설운동장
◆ 문의 : 061-390-7240

호수와 나무숲 사이 굽이굽이 걷기길

장성호 수변길

거대한 인공호수인 장성호는 장성이 자랑하는 대표적인 관광지다.

탁 트인 시야와 함께 펼쳐지는 드넓은 호수 풍광을 보기 위해 관광객들이 높다란 계단을 오른다. 이제 장성호는 바라만 보는 명소가 아니라 호수를 끼고 산책을 즐길 수 있는 '대한민국 대표 길'이 되었다.

봄여름가을겨울 사계절 내내 변화무쌍한 자연을 감상하면서 걸을 수 있는 장성호 수변길에는 발길이 끊이지 않는다.

호수와 나무숲을 양편에 끼고 걷다 보면 장성호의 명물인 출렁다리를 만나게 된다.

장성호 수변길은 시원한 호수의 풍광을 만끽할 수 있는 '출렁길'(제방 왼쪽길 8.4km)과 계절따라 변하는 숲의 정취를 느낄 수 있는 '숲속길'(오른쪽 수변길 4km)로 이루어져 있다.

산과 호수를 건너 불어오는 바람을 맞으며 '출렁길'을 걸어가다 보면 '옐로우 출렁다리'와 '황금빛 출렁다리'를 만날 수 있다. '숲속길'은 호수 반대편에서 바라보는 그림 같은 두 개의 출렁다리를 조망하는 재미가 있다.

장성호 수변길이 각광을 받으면서 장성군은 총 길이 34km에 이르는 장성호 수변길 백리에 구간별로 테마가 있는 명소를 조성하는 계획을 추진중이다.

수변길을 길게 걸을 만한 시간 여유가 없다면 1.6km의 수변 테크길을 가볍게 걸어도 좋다. 숲과 조화된 호수 경관을 천천히 즐길 수 있다.

숲속의 새소리, 꽃과 나무의 향기, 반짝이는 호수…. 오르락내리락 장성호 수변길을 걷다 보면 몸과 마음이 편안해진다.

흰 날개 펼친 백학봉 아래 깃든 절

백암산 백양사

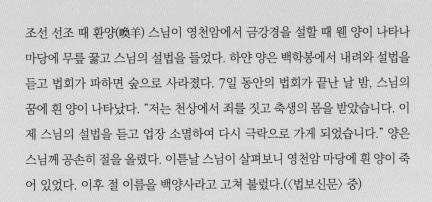

조선 선조 때 환양(喚羊) 스님이 영천암에서 금강경을 설할 때 웬 양이 나타나 마당에 무릎 꿇고 스님의 설법을 들었다. 하얀 양은 백학봉에서 내려와 설법을 듣고 법회가 파하면 숲으로 사라졌다. 7일 동안의 법회가 끝난 날 밤, 스님의 꿈에 흰 양이 나타났다. "저는 천상에서 죄를 짓고 축생의 몸을 받았습니다. 이제 스님의 설법을 듣고 업장 소멸하여 다시 극락으로 가게 되었습니다." 양은 스님께 공손히 절을 올렸다. 이튿날 스님이 살펴보니 영천암 마당에 흰 양이 죽어 있었다. 이후 절 이름을 백양사라고 고쳐 불렀다.(〈법보신문〉 중)

고불총림 백양사(白羊寺)는 백두대간이 남으로 치달려와 장성 지역으로 뻗어 내려온 백암산(白巖山) 자락에 있는 사찰이다. 백두대간의 기운이 마지막에 모여드는 곳이다.
백제 무왕 33년(632년) 여환 스님이 창건했다. 창건 당시에는 백암사였고 이후 정토사, 백양사로 이름이 바뀌었다.
일주문에서 절 입구까지 1.5㎞ 길은 갈참나무, 단풍나무, 비자나무 등 오래된 나무들이 터널을 이룬다. 우리나라 100개의 아름다운 길 중 하나로 꼽힌다. 특히 백양사

단풍은 아기 손처럼 작아 '애기단풍'이라 부르는데 색이 곱고 선명해 단풍철이면 전국에서 찾아든다.

절 입구에서 맨 먼저 만나는 건물은 쌍계루(雙溪樓)다. 참선 수행도량인 운문암 계곡과 천진암 계곡에서 내려오는 두 물이 만나는 곳에 세워졌다.

쌍계루 앞에서 산을 올려다보면 학이 날개를 펴고 있는 형상의 백학봉(학바위)이 우뚝하다. 쌍계루는 백학봉을 등지고 연못을 내려다보고 있다. 연못에 백학봉과 쌍계루가 비친 모습은 백양사 풍광의 백미다.

노을 빛 아득하여 저무는 산은 붉고
달그림자에 배회하니 가을 물은 맑네
오랫동안 인간사 시달렸으니
어느 날 소매 떨치고 그대와 오르리
(포은 정몽주 '쌍계루에 부쳐' 중)

쌍계루에는 포은 정몽주, 목은 이색, 면앙정 송순, 하서 김인후, 사암 박순 등 고려 말과 조선시대의 시인묵객들이 이곳을 찾아 백학봉과 쌍계루의 풍광을 읊은 시문이 걸려 있다.

절 본전 앞에는 '만암(曼庵) 대종사 고불총림 도량비'가 세워져 있다. 만암(1876~1956) 스님은 지금의 백양사를 있게 한 중흥주다. 1914년 주지를 맡고부터 선(禪) 수행에 노동을 도입한 '반선반농(半禪半農)'을 실천했다.

'하루 일하지 않으면 하루 먹지 않는' 백장청규(百丈淸規)를 철저히 실천하도록 이끌었다.

백양사에는 보물인 소요대사승탑과 극락보전, 대웅전, 사천왕문, 청류암, 관음전 등의 문화재가 있다. 비자나무숲과 고불매는 천연기념물이다.

◆ 주소 : 장성군 북하면 백양로 1239
◆ 문의 : 061-392-7502

박수량 백비

장성군 황룡면 금호리 황룡강변 솔숲에 비 하나가 있다. 아곡(莪谷) 박수량(1491~1554)을 기리는 비문 없는 비석, 백비(白碑)다.

빗머리 없이 직사각형의 받침돌 위에 세워진 높이 130cm, 폭 45cm, 두께 15cm의 이 비석은 전라남도기념물 제198호로 지정돼 있다.

장성군이 '현재의 공직자의 표상으로 삼기 위해' 군청 광장에 모형을 세워두기까지 한 비석이다.

흔한 비문 한 줄 없는 백비 앞에 그처럼 많은 사람들이 고개를 조아리는 데는 이유가 있다.

무서(無書)의 백비는 그 비어 있음이 명징한 전언이다.

조선시대 육조의 호조, 예종, 공조, 형조 판서를 지냈고 좌참찬, 우참찬과 더불어 정2품 한성부 판윤까지 39년간 관직을 지냈던 박수량은 사사로이 재물을 취하지 않고 생계를 겨우 연명할 정도로 살았다.

한양에 집 한칸 마련하지 못하고 고향집 또한 비가 오면 빗물이 스며드는 초가삼간뿐이었으며, 그의 유품은 당시 임금 명종이 하사했다는 술잔과 갓끈뿐이었다고 한다.

아곡은 64세를 일기로 임종하면서 "나라를 위해 별로 한 일이 없으니 시호도 청하지 말고 묘를 크게 하지도 말고 비석도 세우지 말며 간단히 장례를 치르라"고 후손에게 유언했다.

그가 한양에서 임종한 후 고향인 장성까지 시신을 모실 비용조차 없다는 것이 알려지자 명종은 '수량의 청백한 이름은 이미 세상에 알려진 지 오래다'라며 나라에서 장례를 치러주도록 명했다. 서해 바다의 돌을 골라 보내며 '아곡의 청백을 알면서 비에 새삼스레 그 내력을 적는 것은 오히려 그 뜻에 누가 될 것'이라며 글자를 새기지 말라고 하였다.

조선조에 청백리에 녹선된 벼슬아치가 300명을 헤아리지만 백비가 하사된 것은 아곡이 유일하다 한다.
아곡의 무덤 앞에 세워진 백비는 한 공직자의 빙설(氷雪)과도 같은 청렴을 오늘에 전하고 있다.
아곡이 남긴 절명시에서 한 생애를 깨끗이 건너간 그의 정신을 읽는다.

생사는 천명인 바 괴로울 거 뭐람(生死有命寧煩念)

화복 또한 하늘 뜻 마음 쓸 일 없네(禍福隨天不動心)

내 몸 안 버리고 할 일 마쳤으니(不失吾身吾事畢)

이만하면 넉넉한데 무얼 더 구하리(悠悠此外更何尋)

장성군은 아곡의 유지를 받들어 백비 아래 '우리나라에서 가장 규모가 작은 전시실'을 운영하고 있다.
전시실에는 박수량의 약력, 조선의 청백리 제도와 명종 임금이 백비를 내린 연유와 더불어 명종이 아곡의 고향 아치실에 99칸의 '청백당(淸白堂)'을 지어 선물했으나 정유재란 때 소실된 것을 장성군이 복원하여 한옥체험관으로 운영하고 있다는 내용 등을 소개하고 있다.
백비로 오르는 길 들머리에는 1887년(고종 24년) 건립된 신도비가 세워져 있는데 한말 우국지사인 송병선이 비문을 짓고 면암 최익현의 글씨로 새긴 것이다.

◆ 주소 : 장성군 황룡면 금호리 산33-1번지

필암서원

'마음이 맑고 깨끗하여 넓게 탁 트이고 공평무사하다'.
확연루(廓然樓)라 이름붙여진 서원 정문의 현판에 학문하는 태도, 혹은 학문으로 이룰 수 있는 경지
가 담겨 있다.
'확연'은 확연대공(廓然大公)에서 나온 말로, 하서 김인후의 인품을 기리는 동시에 널리 모든 사물에
사심이 없이 공평한 성인의 마음을 배우라는 의미를 담았다.

호남 학맥의 본산인 필암서원(筆巖書院, 사적 제242호)은 16세기 호남 성리학의 초석을 놓았던 하서(河西) 김인후(1510~1560)의 학덕을 기리기 위해 1590년 호남 지역의 유학자들이 세운 서원이다.

처음에 장성읍 기산리에 창건됐던 건물이 정유재란 때 소실돼 1624년 필암리 증산에 다시 세웠으며 1672년 현재의 자리로 옮겼다. 1659년에 '필암'이란 사액을 받았으며, 1786년 김인후의 사위이자 양산보의 아들인 양자징을 추가배향했다.

서원의 대문이자 누대인 확연루 앞에는 은행나무가 벗하여 섰다. 가을이면 온통 노랗게 물들어 주변을 환하게 밝힌다. 올바른 학문이 세상을 밝히는 길로 나아가듯. 서원이며 향교 같은 유교 교육기관에 심어진 은행나무는 공자가 은행나무 아래에서 제자들을 가르쳤다는 데서 유래한 '행단(杏壇)'의 구현과도 같다. 벌레를 타지 않는 은행나무처럼, 유생들이 훗날 관리가 되었을 때 '청렴'이란 덕목을 지키라는 뜻도 깃들어 있다.

필암서원은 평지에 세워진 서원 건축의 대표적 사례로, 학문을 연구하는 강학공간(청절당·진덕재·숭의재)과 제사를 지낸 제향공간(우동사), 자연을 감상하며 휴식을 취하던 유식공간(확연루) 등을 짜임새 있게 거느리고 있다. 서원에서 일하는 노비 중 최고책임자가 생활했다는 한장사, 향사에 제물로 쓸 가축을 매어놓았던 비석인 계생비(繫牲碑) 등도 있다.

동춘당 송준길이 하서 선생의 절의를 기려 쓴 '淸節堂(청절당)'과 '進德齋'(진덕재), '崇義齋'(숭의재)를 비롯, 우암 송시열이 쓴 '廓然樓'(확연루), 병계 윤봉구가 쓴 '筆巖書院(필암서원)' 등 당대 명필들의 편액 글씨는 필암서원에서 누릴 수 있는 볼거리다.

인종이 세자 시절 스승인 하서 선생에게 건넨 묵죽도 목판을 간수한 건물인 '敬藏閣'(경장각)의 현판은 정조 임금의 글씨다. 가만 보면 현판이 얇은 천으로 가려져 있다. 임금이 쓴 글씨를 존엄하고 신성하게 여겼던 시대를 말해주는 장치다.

제사와 교육, 출판 등 서원의 세 가지 큰 역할을 꾸준하게 실천해 온 필암서원은 2019년 7월 소수서원, 도산서원, 무성서원 등 전국 9개 서원과 함께 '한국의 서원'이라는 이름으로 유네스코 세계문화유산으로 등재됐다.

◆ 주소: 장성군 황룡면 필암서원로 184(필암리 377)

조선의 눈동자

　　　　곽재구

조선의 눈동자들은
황룡들에서 빛난다

그날, 우리들은
짚신발과 죽창으로
오백년 왕조의 부패와 치욕
맞닥뜨려 싸웠다

청죽으로 엮은
장태를 굴리며 또 굴리며
허울뿐인 왕조의 야포와 기관총을
한판 신명나게 두들겨 부쉈다

우리들이 꿈꾸는 세상은
오직 하나

복사꽃처럼
호박꽃처럼
착하고 순결한
우리 조선 사람들의
사람다운 삶과 구들장 뜨거운 自由

아, 우리는
우리들의 살갗에 불어오는
한없이 달디단 조선의 바람과
순금빛으로 빛나는 가을의 들과
그 어떤 외세나 사갈의 이름으로도 더럽혀지지 않을
한없이 파란 조선의 하늘의
참주인이 되고자 했다.

시아버지와 며느리와 손주가
한상에서 김나는 흰 쌀밥을 먹고
장관과 머슴과 작부가 한데 어울려 춤을 추고
민들레와 파랑새가 우리들의 황토언덕을
순결한 노래로 천년 만년 뒤덮는 꿈을 꾸었다

조선의 눈동자들은
황룡들에서 빛난다

그 모든 낡아빠진 것들과
그 모든 썩어빠진 것들과
그 모든 억압과 죽음의 이름들을 불태우며
조선의 눈동자들은 이 땅
이 산 언덕에서 빛난다.

1894년 3월 반봉건·반외세의 기치를 내걸고 일어선 동학농민군은 황토현에서 전라감영군에 첫 승리를 거두고 고창, 영광, 함평 등을 점령했다. 장성 황룡전투는 전봉준의 동학농민군이 이학승이 이끄는 경군(京軍)과 맞서 승리한 동학농민혁명의 최대 격전지이다.

이 전투에서 관군을 대파하면서 동학농민군은 전주성에 무혈 입성을 하는 발판을 마련했다.

만인이 평등하게 잘사는 대동세상을 꿈꾸던 동학농민군의 치열한 항전과 승리의 함성이 울려퍼졌던 역사적인 장소가 장성군 황룡면 장산리 전적지다.

이 전투에서 동학군은 양총 1백여 정 등 많은 무기를 빼앗아 곧바로 전주성을 점령하게 되었으며 조선 조정이 동학군의 요구를 수용했던 전주화약의 결정적인 근거가 되었다.

황룡전투에서 동학농민군이 신식무기를 갖춘 경군을 무찌를 수 있었던 무기로 장태가 처음 등장했다. 대나무를 쪼개 원형으로 길게 만들어 짚을 넣어 굴리면서 총알을 피했던 무기이다.

'제폭구민' '척왜양이'의 동학정신을 일깨우고 후세들의 역사교육장으로 활용할 수 있도록 1997년 동학혁명 승전기념공원을 조성했다.

'동학농민군승전기념탑'은 온갖 불의를 무찌를 기세로 솟은 죽창 모양의 탑과 장태를 굴리며 진격하는 동학농민군, 그리고 전투 장면이 담긴 부조물로 조성했다.

탑의 뒷면에는 동학농민군의 4대 강령과 곽재구 시인의 기념시 '조선의 눈동자'를 새겼다. 자손 대대로 이어가야 할 자랑스런 우리의 역사다. 공원 인근에 당시 경군대장이었던 이학승의 순의비가 남아 있어 역사의 진정한 승자를 묻는다.

장성 황룡전적지는 역사적인 고증을 거쳐 1998년 4월 국가지정 사적 제406호로 지정되었다.

◆ 주소 : 장성군 황룡면 장산리 356

홍길동테마파크

동에 번쩍 서에 번쩍, 신출귀몰 의적 홍길동!

"아버지를 아버지라 못 하옵고, 형을 형이라 못 하오니, 어찌 사람이라 하겠습니까?"

허균이 지은 한글소설 《홍길동전》에서 길동은 서자로 태어나 호부호형하지 못하고 벼슬길도 막힌 신세를 탓하며 집을 나와 의적이 됐다.

활빈당을 결성해 조선 팔도 탐관오리들의 재물을 훔쳐 빈민들에게 나눠 주고 이상국인 율도국을 건설한 의적으로 그려진다.

그렇다면 홍길동은 소설 속 주인공일 뿐인가?

기록에 의하면 홍길동은 소설이 나오기 수십 년 전인 15세기 중엽 실존인물이다. 조선왕조실록의 연산군일기와 중종실록 등에서 여러 차례 홍길동의 이름이 거론된다.

"강도 홍길동이 옥정자에 홍대차림으로, 무기를 들고 관부에 마음대로 드나들었다."〈연산군 6년 12월29일〉

또 명문가의 족보들을 모아 주요 인물을 기록한 〈만성대동보〉에 홍길동은 형 일동과 함께 홍상직의 아들로 올라 있으며 "도술을 부렸던 자"라고 적혀 있다.

장성군은 고증을 바탕으로 홍길동이 태어난 장성군 황룡면 아곡1리 아치실에 생가터를 복원하고 홍길동테마파크를 조성했다.

"홍길동은 역사상 실존인물이었다. 고증에 의하면 홍길동은 조선초 15세기 중엽 남양 홍씨 집안의 서자로 태어났다. 신분이 첩의 자식이라 관리 등용을 제한하는 국법 때문에 출세의 길이 막혔다. 좌절과 울분 속에 양반으로부터 차별받던 민중을 규합, 활빈당을 결성한 후 사회정의를 구현하는 실천적 삶을 살았다."

홍길동테마파크에서는 출토 유물 및 홍길동 관련 자료들, 다양한 캐릭터, 입체영상물을 만날 수 있다.

산채체험장에서는 '활빈당' 체험을 할 수 있다. 야영장, 오토캠핑장, 홍길동전시관, 풋살경기장과 박수량 선생의 청백리 정신을 잇는 '청백한옥' 등이 갖춰져 있다.

◆ 주소 : 장성군 황룡면 홍길동로 431

◆ 문의 : 061-394-7242

초록숲에서 행복 충전

국립장성숲체원

숲에 머무르며 온전한 쉼을 누리고, 자연을 느끼고 배우며 행복을 충전하는 곳이다. 국립장성숲
체원은 '치유의 숲'이 있는 장성 축령산을 기반으로 고품질의 산림교육과 산림치유 서비스를 제
공하고 있다.

천혜의 자연환경과 우수한 프로그램을 갖추고 있어 문화체육관광부와 한국관광공사가 선정하는
'우수 웰니스 관광지'에 3회 연속으로 지정되기도 했다.

몸과 마음을 건강하게 하는 다양한 산림교육·치유 프로그램으로 △숲체험: 숲오감체험, 자연놀이
체험활동, '林탐정 홍길동' 등 △숲놀이: 나에게 스며든 숲(천연자원 활용체험), 탄소중립 첫걸음

(퀴즈&보드게임) 등 △숲공예: 알록달록 숲학교(씨앗관찰&놀이), 나무목걸이&주머니 만들기, 나무액자 만들기, 꽃누르미(압화액자) 만들기, 편백베개 만들기, 편백도마 만들기 등 △자연물 테라피: 차 테라피, 아로마 테라피, 자연물로 손수건 만들기, 편백 향기주머니 만들기 등 △진로교육: 산불진화대원 되어보기(산불진화 체험), 산림교육전문가 되어보기(전문가 체험) 등 △신체균형운동: 편백봉 체조, 노르딕 워킹 등을 꾸리고 있다.

숲을 통한 교육·치유 프로그램은 특히 어린이와 청소년들의 신체적 면역력을 길러주고 심리적 안정에도 큰 도움을 준다.

"숲과 하나되는 곳으로 TV는 잠시 잊으셔도 좋습니다."

숲체원은 일반 숙박시설과 다른 점이 많다. 온전히 자연에 집중할 수 있도록 객실에 TV나 와이파이가 없다. 화재 위험을 막기 위해 숲체원 내 흡연이나 음주를 금하고 있으며 환경보호를 위해 일회용품을 제공하지 않는다. 또, 탄소중립 실천을 위해 쓰레기 분리배출, 퇴실할 때 불 끄기, 물 낭비하지 않기, 냉난방은 적정온도로 설정하기 등을 권하고 있다. 숲이란 선물을 누리기 위해 즐겁게 실천해야 할 일들이다.

◆ 주소
· 산림교육센터:
　　전남 장성군 북이면 방장로 353
· 산림치유센터(장성치유의숲):
　　전남 장성군 서삼면 추암로 716

◆ 예약 및 이용 문의
- 국립장성숲체원(061-399-1800)
- 국립장성치유의숲(편백숲)(061-393-1777)
* 고객지원센터 : 1566-4460
* 모든 시설 및 프로그램은 사전 예약제로 운영되고 있습니다.

◆ 홈페이지
https://sooperang.or.kr/indvz/main.do?hmpgId=FA00002

장성 축령산
둘레둘레

발 행 일	2024년 10월 18일
기 획	장성군, 장성군농촌신활력플러스사업단
원 고	황풍년, 남인희, 남신희, 임정희
사 진	박갑철
편집디자인	김정우
펴 낸 이	김정현
펴 낸 곳	상상창작소 봄

등록 | 2013년 3월 5일 제2013-000003호

주소 | 62260 광주광역시 광산구 월계로 117-32, 라인1차 상가 2층 204호

전화 | 062) 972-3234 FAX | 062) 972-3264

이메일 | sangsangbom@hanmail.net

홈페이지 | www.sangsangbom.modoo.at

페이스북 | facebook.com/sangsangbombom

인스타그램 | @sangsangbom

I S B N   979-11-88297-92-4